일러두기

이 책은 중국 칭다오를 여행하며 느낀 이야기를 책으로 엮어낸 것입니다.
중국어는 중국어 현지인 발음에 가깝게 표기하되, 우리나라 철자 표기에 맞지 않아
입력이 곤란한 발음은 최대한 비슷한 글자로 옮겼습니다.
그리고 주요 지명과 인명 등은 알파벳을 병기하였습니다.

중국의 작은 유럽

칭다오

손주형 · 손세민 · 손지민 지음

이담
Books

칭다오를 갔다 온 지 두 달이 되어 간다. 두 달 동안 갔다 온 내용을 정리하면서 글을 적고 있다. 이 글들이 언제 끝이 날지는 모르겠지만, 언젠가는 끝이 나고, 책으로 나올 것이다.

글을 쓰면서 칭다오에 대한 정보를 더 많이 보는 것 같다. 내가 적고 있는 내용이 맞는지, 그것은 왜 그랬을까 다시 한번 더 생각하면서, 칭다오에 대해 좀 더 자세히 알게 되는 것 같다.

여행이란 가기 전에 많은 것을 조사하고, 갔다 오고 나서 추억과 관심으로 여행을 계속 하는 것이 아닐까?

최근에는 블로그나 백과사전에서 많은 내용을 얻었다. 이제 신문이나 인터넷에서 칭다오라는 단어가 나오면 더 많은 관심을 가지게 되었다.

잠깐 스쳐 지나온 칭다오에서, 내가 보았던 것들을 올바로 이해하고 있는지 의문이지만, 칭다오나 중국에 대한 관심이 갔다 오기 전보다 더 많이 생긴 것은 사실이다.

이 책이 여행가이드가 될 책은 아니라고 생각한다. 그냥 칭다오의 많은 모습 중에서 '이런 모습을 본 사람도 있구나'라는 것을 한번 말해주고 싶을 뿐이다.

　마지막으로 칭다오에 계시면서 이번 여행에 많은 도움을 주신 안홍일 박사님과 글을 감수해주신 이유리 님께 감사의 말을 전한다.

2013년 3월

손주형

　가족들과 케냐에서 1년간 살다가 돌아온 지 4년이 되어 간다. 아이들은 케냐에서 돌아와 경기도로 이사하면서 케냐 국제학교에서 경기도 초등학교로 전학했고, 1년 후 인사발령으로 다시 부산으로 전학을 왔다. 아이들도 나도 최근 1년 단위로 생활에 커다란 변화를 겪고 있다.

　이번 가족여행은 오래간만에 국외로 가는 여행이라 새롭기는 하지만, 점점 아이들이 커 가고, 나도 매여 있는 직장 업무들로 시간을 내기가 쉽지 않았다.

　칭다오에 가기로 결정하고, 블로그를 보면서 많은 정보를 검색했다. 파워블로거들의 여행기를 비롯하여 많은 사진과 이야기들을 보면서 여행일정을 만들었다.

　이번 여행은 많은 곳을 가는 것보다는 많은 것을 느끼고 돌아올 수 있는 가족여행이었으면 좋겠다. 중국의 우주개발, 해양개발, 스텔스 비행기, 군비확장, 폭발적인 발전 등 엄청나게 쏟아져 나오는 다양한 뉴스들과 황당한 사진, 해외토픽으로 접하는 '중국 이야기'가 아닌 '사람 사는 모습'을 느끼고 싶다.

우리가 만날 칭다오 사람들은 중국의 1%도 안 되는 숫자와 면적이겠지만, 1%라도 올바로 이해할 수 있었으면 좋겠다. '그 넓은 중국에서 중국 사람들은 중국을 알고 있을까?'라는 의문으로 코끼리 뒷다리를 한번 구경해 보겠다는 마음으로 출발할 날을 기다린다.

칭다오로 가는 날

- 세민

오늘은 칭다오에 가는 날이다!

여름방학 숙제를 끝내느라 내 짐을 제대로 챙기지는 못했지만, 개학 일주일 전의 여행은 정말 기대된다. 칭다오에서 돌아와, 이틀 뒤면 학교를 가는데 피곤하진 않을까 걱정도 되지만 여행은 그저 좋기만 하다.

초등학생 때는 출국심사대를 엄마와 같이 나왔지만 중학생이 되어 나 혼자 통과하니 기분도 색다르다.

아침에 일찍 일어나 잠은 오지만 비행기 타는 것을 생각하니 들뜬 마음이다. 공항에 있는 서점에서 중국어 회화책을 사서, 필수적인 중국어를 찾아 외우니 정말 중국에 간다는 게 실감난다.

전에도 몇 나라를 다녔지만, 몇 년 만의 해외여행이라, 이번 여행은 어떨지 정말 기대된다!

출국 전 김해공항에서

중국? 거기를 왜 가?

- 지민

칭다오 비행기에 타는 것은 불안하기 짝이 없었다.

처음 중국을 가자고 했을 때, 중국? 거기를 왜 가? 어렸을 때도 갔고, 요즘 중국에 관한 기사를 읽으면 너무 어이없게 느껴졌는데, 차라리 돈을 더 모아 유럽을 가지……

하지만 어쩔 수 없는 일.

사실 케냐를 갔다 오고 나서는 외국에 나가지 않아 요즘 많이 가고 싶은 생각이 들었는지, 위험하겠다고 생각하지만, 그래도 가족이 다 가는데 안 가면 뭔가 허전하다고 생각하여 비행기를 타고 떠난다.

아, 중국……. 뭔가 걱정이 많이 든다.

안전하게 다녀왔으면 좋겠다.

Contents

CHAPTER 1

첫째 날, 니하오! 칭다오

CHAPTER 2

둘째 날, 돌아다녀 보자!

CHAPTER 3

셋째 날, 칭다오에 익숙해지기

넷째 날, 맛있는 것 좀 먹어 볼까?

CHAPTER 5

다섯째 날, 생각보다 가까운 칭다오

첫째 날,
니하오! 칭다오

불안한 생각

칭다오 공항에 도착했다.

이제 본격적인 여행이 시작된다. 우리 가족 4명이 함께 해외를 나오니, 어떻게 여행을 해야 할지 걱정이 앞선다. 만약 혼자라면 알아서 돌아다니면서 결정도 빨리 할 수 있어 문제가 생겨도 빨리 해결이 되지만, 아이들도 있고 4명이니 결정할 때도 쉽지 않을 것 같다. 사람이 많을수록 요구사항이나 고려해야 할 것이 많아진다.

처음에는 중국 사람들의 사는 모습을 알고 싶어서 칭다오를 온 것이지만, 막상 칭다오라고 적힌 공항의 커다란 간판을 보니 이제부터 고생이 시작된다는 것이 실감난다.

인터넷으로 이곳저곳을 보면서 숙소와 코스, 가이드를 결정했는데, 현지 여행사로 여행에 대한 것을 물어 보면 대답은 너무나 간결했다.

"민박 1박에 400위안, 가이드 1일(8시간 기준) 300위안(시외 400위 렌트차량(시내) 700위안(기사 포함)."

금액만 약간의 차이가 날 뿐 자세한 정보는 현지 여행사가 전혀 도움이 되지 않았다. 민박은 어느 지역에 있는지, 방은 몇 개인지, 그런 것들은 알아서 인터넷에서 찾아야 한다. 자세한 설명이나 자료를 주면 쉽게 결정할 수 있을 텐데 너무 많은 사람이 질문만 하는 인터넷이어서 그런지 설명을 자세히 들을 수가 없었다. 인터넷에서 찾은 현지 여행사로 국제전화를 몇 번씩 해서 칭다오 시내에서 민박 4박, 아리바(ARIVA) 호텔 스위트룸 2박, 가이드 5일을 예약했다.

비행기를 타고 오면서도 계속해서, '가이드는 와 있겠지?', '민박은 홍콩화원이라고 했는데 정말 더럽고, 이상한 곳은 아니겠지?'라는 불안한 마음은 가시지 않았다.

  설마, 예약금(2,000위안: 360,000원)만 받아놓고 아예 연락조차 되지 않는 것은 아닌지, 만약 숙소가 펑크 나면 우리 식구를 데리고 어디로 가야 할지 별의별 공상과 걱정으로 출국장을 걸어 나왔다.

중국 입국 수속 용지

마중 나온
사람이 없네!

입국심사대를 통과하고, 짐을 찾아 출구로 나와서, 푯말을 가지고 기다리는 사람들을 둘러보았다.

"내 이름이 적혀 있는 푯말을 찾을 수가 없다!"

가이드가 출구에서 푯말을 가지고 있기로 했는데, 갑자기 불안한 생각이 들기 시작했다. 약속된 사람이 없으니, 한국에서 가져간 한국 휴대전화로 미리 받아놓았던 가이드 전화번호로 연락하니, 전화번호가 잘못되었는지 신호가 가는데 자꾸 녹음된 중국말만 들린다.

일단, 아이들을 안심시키고 현지 여행사 사무실로 연락하려고 전화번호를 적어놓은 수첩을 찾으려고 하는데 저 멀리 기둥 근처에서 한 손에 뭐라고 적힌 A4 용지를 들고 전화를 하면서 무엇인가를 찾으려는 사람이 보였다. 그 사람 앞에 가서, 종이를 보니 내 이름이 적혀 있었다. 가이드는 차가 막혀서 늦었다고 미안하다고 했다.

칭다오에서 첫 번째부터 일이 꼬이나 싶었는데, 일단 가이드를 만나니 늦게 온 것보다는 왔다는 것이 더 다행스러웠다.

리무진 버스를 타고 시내로 들어가는 일정이었지만, 가이드가 자가용을 몰고 왔기 때문에 시내로 가이드 차를 타고 가기로 했다.

칭다오 거리

- 지민

몇 년 만에 본 중국 거리.

즉, 칭다오 거리는 실망스러웠다. 평범한 거리⋯⋯.

난 칭다오에 유럽식 건축물이 많다고 하여 기대하였는데, 여기가 도시인지, 시골 마을인지⋯⋯ 구별을 못 할만큼 마음에 안 들고, 기대에 미치지 않았기 때문이다.

물론 칭다오가 이런 곳밖에 없는 것은 아니지만, 처음 내가 본 칭다오의 거리는 별로 안전하지 않을 것 같아 이젠 걱정이 가득 차 있다. 과연 숙소는 민박이라는데 안전할까, 깨끗할까, 음식은 어떨까⋯⋯.

걱정을 많이 하는 나로선 우리 가족끼리 가는 여행이 불안하기 짝이 없다.

한편, 새로운 것을 볼 수 있었다. 트럭 짐칸에서 짐 위에 앉아있는 사람도 있고 너무 더워 위에 옷을 벗고 다니는 남자 어른들, 바퀴가 세 개뿐인 작은 트럭, 아파트 위의 태양열 온수기, 오토바이, 모든 것이 신기하기만 했다.

중국 GS 주유소의 모습

칭다오 시내로 들어가는 길

중국 휴대전화 개통

해외에서 안전하게 돌아다니기 위해서 현지 휴대전화는 큰 도움이 된다. 우리는 네 명이어서 중간에 예상치 않게 떨어질 경우 쉽게 연락할 수 있는 것이 현지 휴대전화다.

한국 휴대전화로 중국에서 서로 전화하면 로밍전화비(1분에 약 1,000원)가 비싸기 때문에 전화를 하고 싶어도 어려운데, 현지 휴대전화만 개통하면 서로 편하게 연락을 할 수 있고, 가이드와 언제라도 연락할 수 있다.

해외에서 사용하는 휴대전화로 현지에서 개통하면 국제전화만 하지 않는다면 일주일 이상을 10,000원 이내에서 전화비와 심카드까지 해결할 수 있다. 한국으로 하는 국제전화도 현지 휴대전화를 사용하면 훨씬 저렴하다.

우리같이 이곳저곳을 돌아다니려는 손님을 휴대전화로 관리하면 편할 것 같다는 생각을 해서인지 가이드가 휴대전화를 개통하겠다고 말을 하자마자 공항 인근의 한적한 통신사 대리점으로 우리를 데려갔다.

시골의 2층짜리 건물에 출입구를 열고 들어가니 여자직원 두 명이 앉아

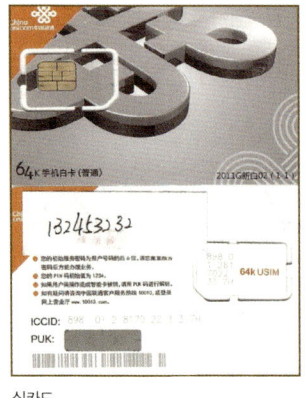
심카드

있었다. 50위안(9,000원)과 100위안짜리 심카드가 있는데, 1분에 0.2위안(36원)이어서 일주일 동안 50위안이면 충분할 것 같아서, 50위안짜리 두 개를 사서 개통했다.

휴대전화 개통하는 데 신분증이 필요해서, 가이드 신분증을 건네니 조그마한 리더기에 신분증을 얹자, 신분증이 복사되어 나왔다. 전자칩이 있는 신분증을 중국은 벌써 사용하고 있었다.

최근 한국의 일부 스마트폰은 컨트리락(country lock) 해제 상태로 출고하기 때문에 몇몇 스마트폰은 해외에서도 바로 사용할 수 있다. 한국에서 사용했던 소니(SONY) 스마트폰과 해외에 갈 때마다 사용하는 해외 전용 휴대전화에 각각 심카드를 집어넣으니 전화기 두 대가 개통되었다. 가이드 전화번호를 휴대전화에 저장하고 나니, 이제 급한 일이 생기더라도 바로 가이드와 통화가 가능하게 되었다.

중국에서는 사진 찍는 것을 싫어한다고 들었는데, 통신사 사무실 내부를 찍으려고 하니, 직원이 안 된다고 해서 밖에 나와 외부만 찍었다. 깔끔한 내부에 비해 외부는 너무 허름했다.

공항 외곽의 중국 이동통신사 매장

현지 여행사

　공항 인근에는 시골 같은 풍경이었지만, 시내가 가까워질수록 이곳이 정말 중국인지 의심될 정도로 한국과 비슷하다. 물론 칭다오 시내가 중국 전체에서 조그마한 점 정도의 크기이지만, 칭다오 시내는 한국 시내 모습과 너무나 비슷하다.

　중국은 한국이 하지 못한 우주와 해저로도 가는데 아직 내 마음 한구석에는 "메이드 인 차이나(made in china)"라는 조잡한 상품의 편견으로 바라보고 있는 것은 아닐까 라는 생각이 들었다.

　고속도로와 시내의 막히는 도로를 지나 50여 분 만에 한국에서 현지 여행사를 통해 예약한 숙소인 홍콩화원에 도착했다.

　현지 여행사는 대부분 중국동포들이 하는 것이라 우리와는 생각이 조금 다른지 정보제공에 아주 인색하다. 정보제공까지 완벽하다면 국내 여행사가 필요 없겠지만, 어쨌든 인터넷에 설명된 말만으로 어떻게 현지 여행사를 신뢰할 것인가가 가장 큰 어려움이다.

현지 여행사에 예약하면 예약금을 보내야 하는데, 과연 돈을 보내어도 되는 것인지, 혹시 보이스피싱같이 돈만 받고 도망가는 것은 아닌지, 우리가 보았던 수많은 신문기사로 중국 업체들을 너무나 믿기 어려워진 것은 아닌지 모르겠다.

　　정말 모르는 현지 여행사를 믿고 움직인다는 불안한 마음은 가시지 않고 있다. 믿고 싶지만 완벽히 믿고 있을 수만 없는 것이 어쩔 수 없는 마음이다.

민박

 칭다오 여행을 위해 숙소를 구할 때 민박*이라는 단어가 나와서 이상하게 생각했다. 가구에서 접시까지 모든 것이 들어 있는 집을 통째로 빌려주는 형식을 민박이라고 하면서 혼자라면 원룸과 같은 민박을 추천하고, 가족끼리 왔을 때는 방이 두 개 있는 민박을 여행사에서 추천했다. 호텔보다 가격이 저렴하면서, 빨래와 음식을 만들어 먹을 수 있는 장점이 있지만, 아침식사가 없고, 청소나 관리를 스스로 하는 단점이 있다. 청양(공항 인근에 한국인이 많이 거주하는 구)에는 많은 민박이 있어 몇몇 민박은 호텔과 같이 매일 침대보를 갈아준다고는 하지만, 시내 쪽 민박은 선택사항이 그렇게 많지 않아 보였다. 청양은 장기출장 온 사람들을 위해 몇 달씩 집을 빌려주는 민박이 성행하고 있다.

 홍콩화원은 칭다오 중심가의 교통요지이면서, 중국인과 한국인들이 많이

---

* 민박은 중국에서 너무나 성행하지만 가정집에서 허가없이 숙박영업을 하는 것이 불가능하므로 돌아오고 나서 합법이 아니라는 것을 알았다.

거주하는 지역에 위치하고 있다. 아직까지 많은 한국 음식점과 슈퍼가 있지만, 예전에 더 많이 있었다고 했다. 아래층에는 상가 건물이 있고, 그 위에 고층 아파트가 있는 한국의 주상복합 아파트 같은 곳이다. "화원"이라고 처음 들었을 때는, 도로이름이나 지역이름이라고 생각했는데, 주변에 있는 많은 아파트에서 "화원"이라고 적힌 한자를 보니, 아파트 이름에 흔히 붙이는 단어라는 것을 알았다.

홍콩화원 옆에 있는 아파트

홍콩화원

　　홍콩화원 입구에서 주인을 만나, 불이 꺼져 있는 어두운 아파트 입구를 따라 엘리베이터를 타는 곳으로 갔다. 가이드와 주인은 중국말로 계속해서 이야기했다. 엘리베이터는 세대가 있었지만, 두 대만 운행했고, 엘리베이터 안에도 작은 전등 하나만 사용해서 너무 어두웠다. 주인아저씨를 따라 10층에 내리니, 기다란 복도 양옆에는 아파트 현관들이 있었다. 우리가 지낼 집인지 걸어가던 주인이 열쇠로 어느 집 현관문을 열었다.

　　집 안으로 들어가니 어둡고, 아주 더럽지는 않았지만, 깨끗한 느낌은 전혀 없었다. 가이드 말로는 이 집은 중국 사람들에게는 빌려주지 않고 외국인들만 주로 빌려주는 곳이라 깨끗한 편이라고 했지만, 잘못 선택한 것은 아닐까란 생각이 들기 시작했다. 여기서 4일이나 있어야 하는데 지금 다른 곳으로 가겠다고 말을 할 수도 없고, 어쨌든 엄청나게 더러운 집도 아니고, 다른 곳으로 간다고 해도 엄청나게 좋은 곳에 갈 것 같지도 않아서, 그냥 여기서 지내기로 하고 4일치 방값을 계산하기로 했다.

부엌에 가스레인지, 냉장고, 식기가 있고, 거실에 TV와 소파가 있다. 방마다 에어컨과 침대가 있어서 잠깐 중국 사람들이 사는 집에서 한번 살아보는 것 같았다. 에어컨을 켜고, 아이들의 더 깨끗한 곳에 가고 싶다는 투정을 무시하고, 짐을 풀었다.

처음에는 좀 더럽다고 느껴졌지만, 방값을 주고, 짐을 정리하니 이곳도 나름 괜찮은 것 같다는 생각도 들기 시작했다. 시내 중심가에 있고, 주변에 여러 개의 편의점과 다양한 음식점, 커피숍, 백화점이 있어서 위치가 좋다는 것에 만족했다.

홍콩화원 내부

휘궈(샤부샤부)

가이드 아저씨가 홍콩화원 근처에 있는 회사를 다닐 때 점심을 자주 먹었던 식당으로 점심을 먹으러 갔지만, 식당이 너무 더워서 밖으로 나왔다.

차를 타고 오면서 큰 식당을 봤다는 엄마를 따라 나섰다. 그곳은 샤부샤부집이었는데, 집에서 500m 정도를 걸어서 도착했다. 신기하게 조금 떨어져 있는 옆 건물에도 똑같은 식당 체인점이 있었다. 식당으로 들어가서 직원이 안내해주는 2층으로 갔다.

메뉴판에서 주문할 음식을 고른 뒤, 직원이 주문을 받기 위해 왔는데, 전화기 모양의 신기한 물건을 가지고 있었다. 주문을 받을 때마다 그 전화기 모양의 기계에 있는 버튼들을 눌렀다(나중에 다른 식당들을 다녀보니 주문을 받을 때 이 물건을 가지고 있었다).

주문을 마치고 샤부샤부 소스를 가지러 식당 한쪽에 있는 스테인리스 테이블로 갔다. 위 칸에는 이상한 기름, 깨, 파, 여러 가지 소스가 가득 있고, 아랫 칸에는 소스를 담는 접시가 있었다. 어떤 소스를 고를지 고민하다가 다른 사람들이 하는 걸 보고 골라 담았다.

고기는 소고기와 양고기를 시켰는데, 고기 종류는 대부분 다 좋아하지만, 양고기는 특유의 이상한 냄새가 나서 먹기가 힘들었다.

바나나 주스도 시켰는데 바나나와 우유를 섞은 것으로, 요구르트 맛이었다. 엄마와 아빠는 깔끔하다고 했지만 씁쓸한 맛이 났다.

칭다오에 와서 소고기, 양고기, 새우, 두부, 채소, 면 샤부샤부로 점심을 먹었다.

너무 더워서 나왔던 식당

훠궈 식당 내부

서점

점심을 먹고, 여행에서 사용할 칭다오 지도를 사러 서점으로 갔다(칭다오 공항 1층에도 지도를 팔고 있어 도착할 때 바로 살 수 있다). 서점은 칭다오 시내를 가로지르는 가장 큰 도로의 번화가에 있다. 밖은 더운데, 입구에 걸린

비닐 막 발을 밀치고 들어가니 에어컨이 가동되고 있어 정말 시원했다.

서점은 우리나라 교보문고와 같은 대형서점보다 훨씬 더 크고 넓었다. 지도 코너로 가니 내가 원하는 영어 지도는 없고, 중국어 지도만 있었다. 없는 것보다는 있는 것이 좋으니, 10위안짜리 중국어 지도를 들고, 위층으로 올라가면서 서점 구경을 했다.

서점은 4층까지 다양한 책들로 가득 채워져 있었다. 4층 참고서 코너에는 중학교와 초등학교 참고서가 쌓여 있었다. 영어 열풍을 느낄 수 있을 만큼

영어 참고서가 정말 다양하게 많이 있었다.

아이들은 수학 참고서를 보면서, 한국에서 배우는 내용과 비교해보았다. 층마다 한쪽 코너에는 가방, 전자제품, 음반, 비디오, 필기구를 파는 곳이 있었고 영어 소설책 코너의 영어원서들은 한국보다 조금 저렴해서 소설책 한 권을 골랐다.

서점 구경을 시작할 때 가이드는 1층에서 쉬라고 해서 같이 오지 않았는데, 영어 소설책과 지도를 가지고 말이 통하지 않는 계산대로 갔다. 손짓 발짓으로 책과 지도를 계산하고, 계산대에 찍힌 숫자를 보고 돈을 주니 책에 도장을 찍어 계산된 책과 계산하지 않은 책을 구분하는 것은 한국과 똑같았다.

모든 코너 표지판에는 중국어 밑에 영어가 적혀 있어 수월하게 서점 구경을 마쳤다.

저스코(JUSCO)

칭다오 시내여행만 일주일을 계획했기에 오늘부터 많은 것을 보러 다닐 필요는 없어 숙소 주변 현황을 파악하는 것으로 첫날 일정을 마치기로 했다.

숙소에서 마셔야 하는 물과 과자 같은 먹거리를 사러 쇼핑센터로 갔다. 시내 중심지에는 까르푸와 저스코*같은 대형 쇼핑센터가 있는데, 일본계 슈퍼마켓 브랜드인 저스코를 가기로 했다.

저스코 2층에는 다양하고 유명한 식당들이 있었지만, 1층에 있는 슈퍼마켓만 구경했다. 한국의 마트와 비슷하게 과자, 각종 유제품, 식품, 주류 등 다양한 물건들로 채워져 있었다.

저스코를 들어올 때에는 생수를 사서 숙소로 가려고 했지만, 너무 덥고 무거울 것 같아서 숙소 인근의 편의점에서 사기로 하고, 과자 몇 개와 당장 마실 물만 사서 저스코에서 나왔다.

---

* 2012년 9월 영토분쟁(댜오위다오/센카쿠) 시위대의 방화와 약탈로 한화 340억 원의 피해를 보았다.

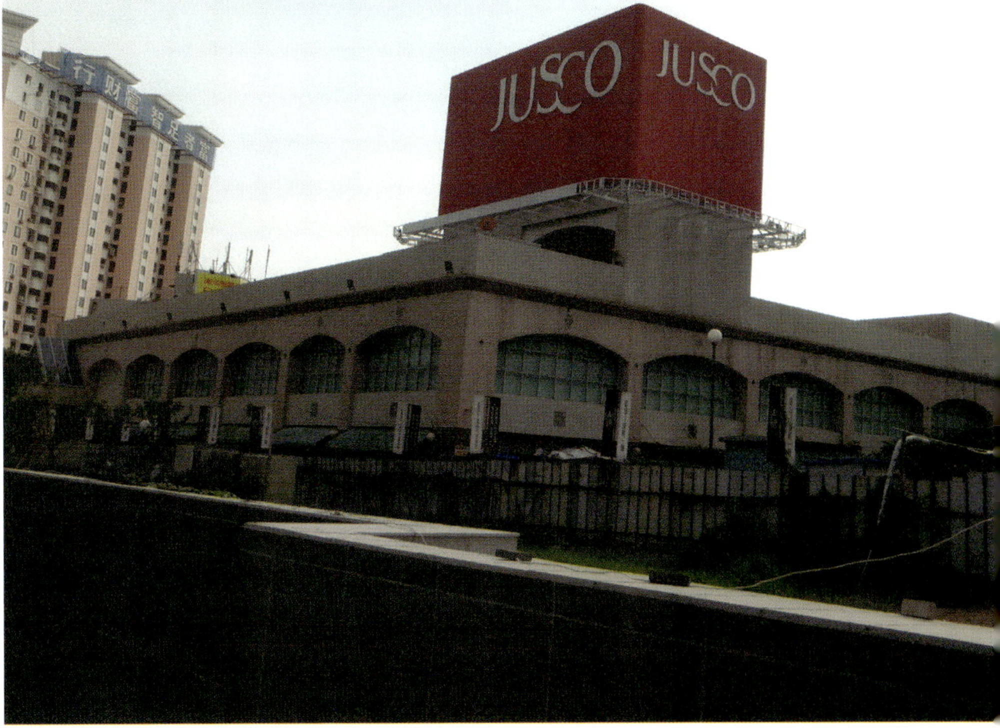
JUSCO
JUSCO

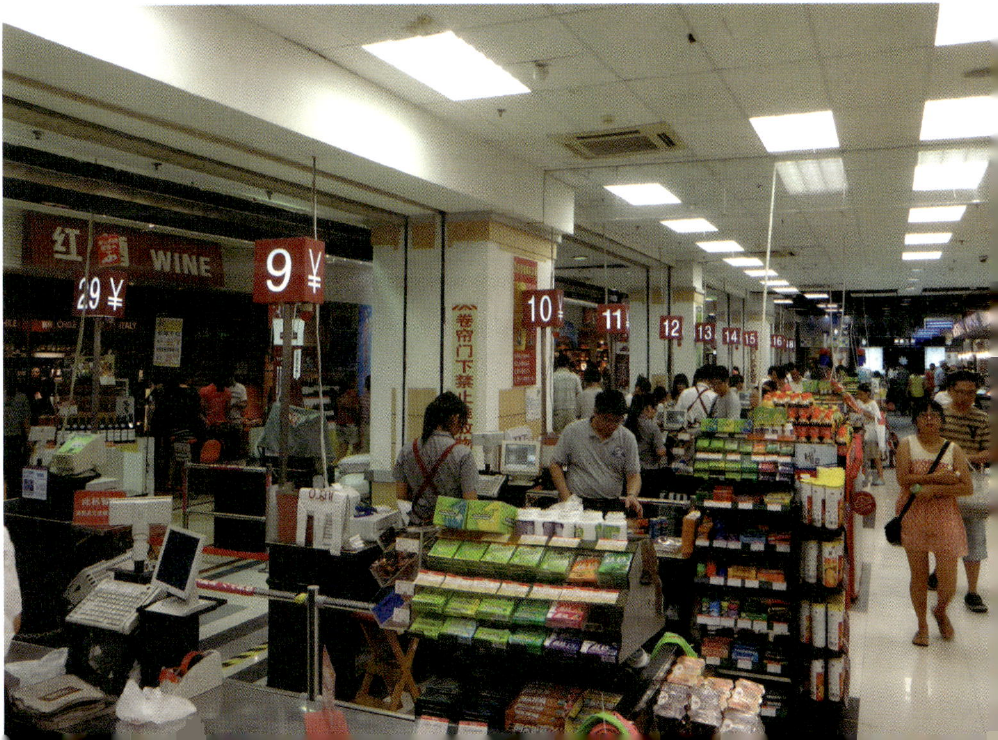
WINE
29 ¥
9 ¥
10
11
12
13
14
15

한국 과자

- 세민

저스코(JUSCO)마트에서 마실 것을 찾는 도중 과자 코너가 눈에 띄어 가보니 빼빼로, 미쯔와 같은 한국 과자들이 많이 있었다.

미니스탑이란 편의점에서는 바나나 맛 뽕따(쭈쭈바)와 수박 맛 뽕따, 메로나도 팔고 한국 과자도 몇 종류 있었다. 잘못하면 녹아 버려서 운반하기 어려운 아이스크림까지도 중국에서 먹을 수 있다니, 정말 수출입이 많이 발달했다는 걸 느낄 수 있었다.

또 이렇게 한국 과자를 많이 판다는 것은 한국 사람도 그만큼 많이 살고 있는 것은 아닐까 라는 생각도 드는 반면, 우리나라 과자가 중국 사람 입맛도 사로잡을 정도로 맛있다고 느꼈다.

아무튼 또 다른 한류를 보는 것 같아 뿌듯했다.

저녁 식사

저녁 식사는 칭다오에 계시는 안 박사님과 하기로 하고 가이드와 오후 5시경에 헤어졌다. 한국에서 미리 연락을 했고, 오늘 개통한 중국 휴대전화로 연락을 해서 홍콩화원근처에 있는 마이칼(MYKAL)백화점 앞에서 6시에 만나기로 했다. 백화점 앞에서 안 박사님을 만나, 차를 타고 10여 분 동안 가서, 4층 건물을 식당으로 운영하고 있는 커다란 음식점으로 들어갔다.

1층에는 각종 음식재료들이 진열되어 있었다. 악어 다리, 뱀, 대게, 각종 해산물, 소고기, 샥스핀 등 다양한 식재료를 먼저 지정하고, 조리방법을 결정하면 음식이 조리되어 나오는 방식이었다. 식사는 2층부터 있는 룸에 앉아 있으면 조리된 음식이 하나씩 들어왔다.

당나귀, 거위, 새우, 돼지고기 등 다양한 요리를 먹었는데, 중국에서는 당나귀와 거위 요리가 고급요리라고 했지만, 내 입맛에는 맞지 않았지만 자주 먹으면 그 맛을 알게 될지도 모르겠다.

나중에 가이드가 이 식당은 칭다오 시에서 귀빈을 대접할 때 이용하는 식당 중 하나라는 것을 가르쳐주어서 정말 고급식당이라는 것을 알게 되었다.

다양한 식재료

- 세민

　저녁을 먹은 식당은 1층에 음식재료들이 있어 요리 재료를 고를 수 있고, 2층부터는 식사를 할 수 있었다.

　1층 앞쪽에는 생소한 음식 모형도 있고, 수족관, 그물망, 철창들도 있었다. 철창 안에 무엇인가 팔딱거려 자세히 보니 살아 있는 개구리였다.

　더 구경하다 보니 살아 있는 뱀과 달팽이, 샥스핀, 해산물들도 있었다. 이런 신선한 재료들을 손님이 고르고, 원하는 요리법이나 취향을 말하고, 안내받은 방에서 기다리면 음식들이 하나씩 나오게 된다.

　신선한 재료를 사용해서인지 모두 맛있었다. 귀한 음식이라고 당나귀 고기를 사용한 요리가 고기보다 버섯이 더 많긴 했지만, 의외로 맛있었다.

　한국의 중국집에서 먹던 음식들과는 달라서 그런지 천천히 나오는 음식들을 기다리는 것도 즐거웠다.

CHAPTER 2

둘째 날,
돌아다녀 보자!

85도 빵집에서
아침 식사를

　홍콩화원에서 칭다오의 첫 밤을 보내고, 아침 식사를 어떻게 해결할 것인지 고민하다가 어제 아파트 주변을 돌다가 보았던 빵집을 가기로 했다.

　"85℃"라는 이름의 빵집이었는데, 숙소에서 걸어서 5분 거리에 있고, 외관이 정말 깔끔했다. 손님들도 많이 왔다 갔다 하는 것을 보니 왠지 빵 맛도 좋을 것 같다는 느낌이 들었다.

　빵집에 들어가서 진열되어 있는 빵을 골랐다. 빵 진열대에는 전등으로 따뜻함을 유지하고, 빵마다 따로 여닫이문이 있어서 정말 깔끔하게 잘 꾸며져 있었다.

　마늘빵과 허니브레드를 골라서 빵판에 놓고, 커피와 음료를 같이 계산하니, 아이스커피는 비닐로 새지 않게 밀봉포장을 해주었다. 이 빵집은 한국의 웬만한 커피전문점이나 빵집보다 훨씬 더 세련된 내부와 깨끗하게 음식을 팔고 있었다.

익숙하지 않아

― 지민

　잠이 왔지만, 아침을 먹어야 한다는 아빠의 말에 일어나, 옷을 갈아입고 카페로 갔다. 카페에는 사람들이 꽤 많았다. 아침은 핫초코와 빵을 먹었다. 핫초코는 너무 쓰고, 빵은 내 입에 안 맞아서 내키지는 않았지만, 배가 너무 고파서 먹었다.

　아침 식사를 끝내고, 다시 숙소로 가기 위해 걸었다. 횡단보도를 건너는데 횡단보도가 짧았어도 차가 막 다녀, 건너기 힘들었다.

　백화점 앞을 지나가는데 많은 사람이 일정한 간격을 두고 줄지어 서 있었다. 경찰 같은 사람들도 옆에 모여 있었다. 그중 한 사람이 고함을 지를 때마다 차렷, 열중쉬어 같은 자세로 움직였다. 문 열기 전 백화점 직원들이 공터에 모여서 교육을 받는 것 같았다. 우리나라에서는 보지 못한 광경이다.

　정말 익숙하지가 않다.

마이칼 백화점 앞에서 아침 교육 모습

우체통이
다 다르네!

중국 아파트는 건설사에서 뼈대와 방만 만들어주면 내부 인테리어는 주민들이 직접 공사를 한다고 들었다. 아파트를 사고 여윳돈이 생길 때 집 내부를 꾸미는 공사를 하기 때문에 몇 년 동안 한두 집 정도는 끊임없이 인테리어 공사를 해서, 모든 집이 인테리어를 마칠 때까지 공사소리를 들어야 한다고 한다. 홍콩화원도 주인들이 따로 공사를 했는지 집집마다 출입문이 각양각색이었다.

우리 앞집은 바람이 통하는 방충망이 달린 방화문이었는데, 첫날에는 조그마한 어린아이가 방충망 사이로 우리를 빤히 쳐다보는 것을 보았을 때 깜짝 놀랐다.

아파트 입구에 우체통이 달려 있는데, 우체통 모양도 제각각이다. 모양도, 크기도, 색깔도 제각각이니 통일감이 하나도 없다.

같은 색깔과 모양이면 보기에 좋을 것 같은데 개성을 중요시하는 중국일까? 남을 신경 쓰지 않는 단면일까?

아파트 방화문과 우체통의 모습을 보아도 왠지 우리와 다른 생각을 가진 사람이라는 것을 느낄 수 있다.

쓸데없이 남의 일에
신경 쓰지 마라!

　많은 중국 사람이 어릴 때부터 "쓸데없이 남의 일에 신경 쓰지 마라"라는
이야기를 들으면서 커간다고 한다.

　공자님의 『논어』에는 "그 자리에 있지 않으면 그 자리 일에 신경 쓰지 말라
(不在其位, 不謀其政)." 자신이 맡지 않은 일에 공연히 간섭하지 말고 자신
의 직무나 충실히 수행하라는 가르침도 있었다고 이야기하지만, 남의 일에
무관심한 것은 중국에는 전쟁이 많이 일어났기 때문에, 이긴 쪽이 들어오고
전세가 역전되면, 괜히 참여했다가 피해를 보았던 배경도 있다고 한다.

　또한 문화대혁명은 중국 사람들의 이런 생각을 더욱더 고착화시켰다.
1940년대 말 마오쩌둥(모택동)을 중심으로 인민주의가 고착화되고, 자영
농민의 농지를 몰수하여 대규모로 집단농장을 만들고, 경제발전을 위한 공
업과 상업은 철저히 통제되었다고 한다. 1950년대 말 공동취사 등으로 여
성을 가사노동에서 해방하고, 공동 생산으로 능력에 따라 생산하고, 필요에
따라 분배하는 형식의 대약진운동은 생산성을 무시한 이념 굴레에서 지나

치게 열성적인 당 간부들로 인해 잘못된 통계와 너무나 부풀려진 실적을 중시하면서 기근으로 3년간 3천만 명이 숨지는 일까지 발생하는 등의 실패로 돌아갔다.

1960년대에 중국공산당 내부의 실용주의자에게서 공업육성, 전문가 우선 등의 노선이 대두되어 기존세력과 대립이 되자, 마오쩌둥은 1962년 계급투쟁을 강조하며 수정주의를 비판하면서 반대파 공격을 시작하였다. 1966년 "프롤레타리아 문화대혁명에 관한 결정안 16개조"를 발표함으로써 실용주의자들을 숙청하게 된다.

1966년 천안문 광장에서 백만인 집회가 열렸고, 이곳에 모인 홍위병들은 전국 주요 도시에 진출하여, 학교를 폐쇄하고, 모든 전통적인 가치와 부르주아적인 것들을 공격하였다. 홍위병들이 당 관료들을 공개적으로 비판하고, 전국 각지에서 실권파들이 장악한 권력을 무력으로 탈취하였다. 이때부터 양쪽의 갈등으로 인민해방군이 학교, 공장, 정부기관을 접수하였고, 갈등의 시기가 계속되다가, 1973년 실용주의를 표방하던 덩샤오핑이 복귀하고, 1976년 마오쩌둥이 사망하면서 문화대혁명은 끝나게 된다.

1966년부터 10여 년간 일어났던 문화대혁명은 상부 권력자들의 싸움이었

지만, 밑에 있는 일반인들은 말 한마디 잘못하면 자기가 원하든 원하지 않든 한쪽 편에 서게 되어 목숨까지 잃을 수 있었기 때문에 자기 일이 아니면 관여하지 않게 되었다고 한다.

옆에서 사람이 죽는 일이 발생해도 그냥 지나쳐버리는 무관심은 우리가 모르는 또 다른 역사적인 배경일 것이다.

택시를 타고
움직이는 여행

오늘부터 새로운 가이드가 오기로 했다.

택시, 버스, 걸어 다녀야 하는 일정이니, 어제 공항에 왔던 사장님 같아 보이던 가이드는 오지 않고, 다른 직원을 보낸 것 같다.

우리처럼 돈이 되지 않는 팀을 여행사에서 좋아하지 않으리라는 것은 예상했지만, 너무나 빨리 가이드가 바뀌었다. 능숙한 가이드가 좋겠지만, 보는 것보다는 중국 사람 생활을 더 많이 보기를 원했기 때문에 어떻게 보면, 이 사람이나 저 사람이나 별로 차이가 없을 것 같았다.

오늘 첫 코스는 택시를 타고, 맥주 박물관으로 가기로 했다. 우리 가족 4명과 가이드를 포함해서 총 5명이니 택시 한 대로는 움직일 수 없어서, 두 팀으로 나누어서 움직이기로 했다. 가이드가 택시를 잡고 행선지를 설명해주면, 나와 작은애(지민)가 먼저 출발을 하고, 아내와 큰애(세민)는 가이드와 함께 다른 택시로 움직이기로 했다. 연락이 필요할 때는 나와 세민이, 가이드가 각각 중국 휴대전화를 가지고 있어 서로 위치를 확인하기로 했다.

나와 작은애가 탄 택시가 박물관에서 100m 정도 떨어진 곳에 섰는데, 박물관이 보이질 않아 가이드에게 전화해서 택시기사를 바꾸어주었다. 택시기사는 가이드와 계속 이야기하더니 도저히 이해가 되지 않았다는 표정으로 블록을 완벽하게 한 바퀴 돌아서 박물관 입구에 내려주었다. 중국어만 통해도 뒤쪽에 있다는 것을 알아듣고 내렸을 텐데, 가이드도 정확히 이 상황을 설명해주질 못해서 칭다오 맥주 박물관이 있는 큰 블록을 돌아서 정문으로 오도록 한 것이다.

　　박물관이면 정문이나 후문 등을 정확하게 택시기사에게 이야기해야 하는데 목적지만 이야기하면 만나기가 힘들다는 것을 알게 되었다.

　　처음 택시가 선 곳도 맥주 박물관 담벼락이었지만, 처음 택시를 타보니 주변이 전혀 눈에 들어오질 않았다.

택시

칭다오에는 기본요금이 9위안(약 1,600원)과 12위안(약 2,100원) 두 종류의 택시가 있다. 택시 앞 창문이나 뒷문에 붙어 있는 스티커에 9나 12 숫자로 구분할 수 있다. 배기량이 다르다고 하지만, 색깔이나 차체의 크기로는 구별  하기가 어렵기 때문에 숫자로 확인하는 방법밖에 없다. 택시요금은 시간과 거리의 복합적 체계이지만, 한국보다 시간 영향을 많이 받지 않는다. 꽉 막힌 도로를 움직여도, 신호등이 걸려 있을 때도 요금이 올라가지는 않고, 조금 더 나오긴 하지만 그렇게 많은 편은 아니다.

2012년 7월 이전에는 미터요금에 유류할증료 1위안을 더 받았지만, 이제 유류할증료가 없어져서 미터요금만 내면 된다. 택시를 타고, 가고 싶은 주소가 적힌 종이를 보여주면서 가자고 손짓만 해도 도심지역 내에서는 움직일 수 있다. 택시 내부가 그렇게 깨끗하지 않지만, 타고 다닐 때에는 별문제가 되지 않았고, 내부에는 택시기사증이 있어 신원을 확인할 수 있었다. 출발할 때 택시기사가 미터기를 돌리면 영수증 일부분이 출력되고, 목적지에 도착해서 미터기를 돌리면 금액이 찍히면서 완벽한 영수증이 출력되므로 바가지요금에 큰 피해를 보기는 쉽지 않았다.

과거에는 현금을 가지고 다니는 택시가 강도의 표적이 되어서 택시 내부에 칸막이가 있었지만, 2008년 베이징올림픽 이후로는 외국인들에게 범죄와 공포 분위기를 조장한다고 점차 사라지고 있다고 한다.

한국에서 인터넷 검색을 할 때 택시가 위험하다고 하는 이야기를 많이 보았지만, 칭다오 시내에서 타고 다녔던 택시는 전혀 위험하지 않았다.

 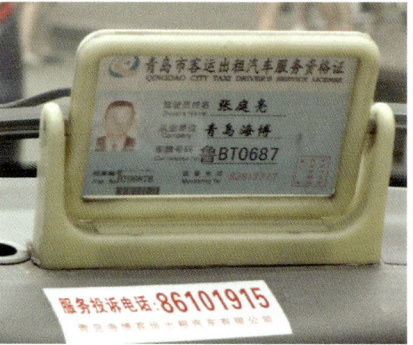

택시는 힘들어

- 지민

　칭다오에서는 아빠와 택시를 타고 돌아다녔다. 우리나라와 달라서 불편하기도 하고, 힘들었다.

　택시기사 아저씨가 담배를 피우는 경우가 많았다. 우리나라에서는 이런 경우가 없는데……. 아저씨가 담배를 피울 때마다 냄새를 참느라 고생했다.

　가끔은 택시를 타고 싶어도, 잡히지 않아서 기다리는 경우가 많았다. 그럴 때마다 우리는 돌아다니며 택시를 찾기도 했다. 택시가 한 20대 이상 지나간 것 같은데, 거기에 사람이 다 있어서 정말 택시 잡기도 힘들었다.

택시들은 정말 난폭운전으로 사고 난 택시들을 종종 볼 수 있다.

칭다오 맥주

칭다오 하면 생각나는 것은 칭다오 맥주이지만 맥주가 도시를 대표하다니 이것도 좀 이상하다. 만약 독일인들이 칭다오를 오지 않았다면, 이런 맥주 역사는 있지 않을 것 같은데, 칭다오 맥주 100년 역사가 중국 근대사라는 생각이 들었다.

칭다오 맥주는 고향의 맥주 맛을 그리워하는 독일인들이 독일에서 생산 설비와 원료를 가져와서 맥주공장을 만들었다. "Tsingtau Brewary(칭다오 브로이)"란 이름으로 판매될 때에는 옅은 맥주와 흑맥주를 생산하였고, 상하이, 톈진, 다롄까지 판매되었다. 독일이 운영했던 것을 알 수 있는 나치 마크가 선명하게 인쇄된 맥주 라벨을 박물관에서 볼 수 있다.

제1차 세계대전이 일어나고, 1916년 일본 회사가 50만 은화를 투자해 맥주공장을 인수해서, "Dai Nippon Brewary(대일본주조)" 회사로 대규모 증

축하고 산둥지역 보리를 이용하여 맥주를 생산하기 시작했다.

1945년 일본이 패전국이 되면서 칭다오 맥주는 국민당 정부에 넘어가서 "칭다오 맥주 회사"라는 이름을 가지게 된다. 공산정권인 마오쩌둥 통치를 받는 시기에도 정부의 지원으로 중국 맥주수출의 중요한 역할을 하였고, 1981년부터 지속적으로 투자와 시설을 증축하면서 점점 맥주공장의 규모가 커졌다.

현재 칭다오 맥주는 중국 정부의 국유 법인주와 버드와이저 맥주로 유명한 미국의 앤호이저부시사가 대주주로 되어 있다. 칭다오 맥주이지만, 독일, 일본, 중국, 다시 미국기업과 합작을 거쳐 가면서 100여 년의 역사가 만들어진 것은 아닐까.

맥주 거리에서
점심을

칭다오 맥주 박물관 입장료는 60위안(10,800원)이었는데, 칭다오 맥주공장에서 바로 생산된 열처리를 하지 않은 생맥주를 마실 수 있지만, 박물관과 공장을 구경하기엔 입장료가 비싸다.

칭다오 맥주 박물관 앞에는 많은 식당들이 있는 맥주 거리가 있다. 맥주 거리는 저녁이 되면 맥주를 마시는 많은 사람으로 붐비고, 낮에는 맥주 박물관을 구경한 사람들이 간단한 점심을 먹을 수 있다.

맥주 거리에서 점심을 먹기로 하고, 박물관 입구에서 가까운 식당으로 들어갔다. 바깥 천막 쪽에서는 음식을 먹도록 되어 있고, 안에서 주문을 받는 곳이 있었다. 가게 안에는 해산물이 있는 수족관이 있고, 메뉴판에는 다양한 음식이 있었다.

입구 한구석 위에 신분증 꽂는 곳이 보였다. 가게나 택시 같은 곳에서도 신분증을 보이는 것은 왠지 아직까지 사회주의국가로서 국가 통제가 강력하다는 단면이 아닐까 싶다.

거리가 보이는 천막 쪽에 앉아서 새우튀김, 돼지고기 꼬치, 생맥주로 점심을 먹었다.

앗, 접시에 벌레!

-지민

오늘 제일 처음으로 간 곳은 맥주 박물관이다. 맥주 박물관에는 맥주가 만들어지는 과정, 세계 각국의 맥주, 맥주는 무엇으로 만드는지, 시식 코너 등이 있었다.

맥주 박물관에는 설명판 밑에 중국어, 영어, 아주 가끔(거의 없을 만큼) 한국어로 설명되어 있었다. 5학년인 내가 이해하기에는 어려운 말도 있었다.

맥주 박물관을 구경하고 맥주 거리에서 음식을 먹었는데 무심코 보았을 때는 1인용씩 비닐 포장되어 깨끗하겠구나! 생각했었는데 자세히 보니 그렇지도 않은 듯했다. 접시와 컵을 비닐로 포장해둔 것 중 내 접시가 든 비닐 안에 죽은 벌레가 있었다.

음식은 그나마 내가 좋아하는 새우튀김은 짜긴 했어도 먹을 만했다.

와인 박물관

점심을 먹고 와인 박물관으로 갔다. 와인 박물관은 시북구 정부(구청)에서 투자해서 9,000㎡ 방공호를 개조하여 만들었는데 입장료는 1인당 50위안(9,000원)으로 생각보다 너무 비싼지 사람들이 많이 찾아오지 않았다.

방공호 벽면에 인공적으로 와인통을 붙여놓기도 하고, 플라스틱으로 만

든 포도 줄기도 있고, 각종 조각을 벽면에 설치해놓았다. 전시물로는 인형이나 와인을 만드는 모습 등을 재현해놓았고, 다양한 와인병과 와인잔, 와인 만드는 조잡한 기계들도 전시되어 있었다.

　50위안 입장료가 아깝다는 생각이 들었는데, 아이들은 내 생각과 다르게 재미있다고 이곳저곳 돌아다니면서 사진을 찍고 다닌다.

　아이들이 맥주 박물관보다 더 재미있어 하는 것을 보니, 내가 보는 눈과 아이들이 보는 것이 다르다는 것을 다시 한 번 느끼게 해 주었다.

영빈관

　　와인 박물관을 구경하고 영빈관으로 향했다. 영빈관은 화려하고 전형적인 독일건축양식을 띠면서 내부에는 샹들리에를 비롯한 화려한 인테리어가 남아 있다. 독일 총독은 이 호화로운 건물에 너무나 많은 돈을 사용해 독일로 송환되었다고 한다. 1957년 마오쩌둥이 거물급 관리들을 동반해 아름다

운 해변을 바라보며 휴가를 보낸 곳으로도 유명하다.

많은 블로그에서는 내부 사진들이 많이 찍혀 있었는데, 관람객이 많아서인지 정책이 바뀌어서인지, 사진을 못 찍게 해 구경만 해야 했다.

영빈관 외부는 오래된 모습들이 많이 남아 있었지만, 욕실에 아메리칸 스탠더드(American Standard)가 선명히 찍힌 세면대는 이런 유적지와 미국 상표의 제품으로 보수해놓았다는 것이 좀 아이러니하게 느껴졌다.

독일건물양식이라면 독일 상품을 집어넣든지, 아니면 아예 옛날 세면대를 재현해서 설치해주면 좋았을 텐데…….

미터(m)는 미(米)

영빈관을 나와 신어산 공원으로 갔다. 칭다오까지 왔는데 자꾸 입장료에 신경 쓰인다. 보는 값어치에 비해 입장료가 너무 비싸다는 생각이 계속해서 들고 있다.

신어산 공원 입장료는 30위안(5,400원)이라고 가이드가 말했는데 매표소 바로 맞은편을 보니 아이가 서 있는 간판에는 1.5, 1.3이라고 적혀 있다. 요금을 알리는 간판에 적힌 숫자가 너무나 저렴해서 쳐다보니 1.5와 1.3 숫자 뒤에 미(米)라고 적혀 있다.

혹시 이것이 입장료가 아니냐고 가이드에게 물어 보니, 미(米)는 미터(m)를 대신해서 읽는 것이라고 한다. 입장료가 비싸서 갑자기 싸게 들어갈 수 있을까 해서 빨리 물어 보았는데 중국 미터 표시를 알게 되었다.

해윤노반점

신어산 공원 구경을 마치고, 가이드와 헤어져 택시 한 대에 우리 가족만 타고, 숙소로 돌아왔다. 오늘은 맥주 박물관, 와인 박물관, 영빈관, 신어산 공원을 돌아다녔는데, 구경할 곳을 가이드에게 의존하니 코스가 마음에 들지 않아서 내일부터는 직접 코스를 만들어 가이드에게 이야기하기로 했다.

나갔다가 들어오니 숙소 소파나 침실이 더러운 생각은 들지 않고 왠지 우리 집 같은 편안한 느낌이 들기 시작했다. 저녁까지 잠깐 낮잠을 자고 일어나니, 세민이가 오늘 영빈관 숲에서 모기에 10여 곳을 물렸는데 다리 곳곳이 까만색이 되어버렸다. 가지고 간 호랑이약을 발라주었지만 너무 간지러워했다.

저녁은 여러 블로그에서 보았던 딤섬 맛집으로 유명한 해윤노반점(구 홍콩노반점)을 가기로 하고 숙소에서 나왔다. 블로그에서 출력해온 출력물과 어제 산 지도를 맞추어 가면서 저스코(JUSCO) 쇼핑센터에서 까르푸 방향으로 걸어서 갔다. 저녁 7시 30분이 넘었는데도 8월 중순의 칭다오 날씨는 정말 덥다. 10분을 걸었는데 땀이 비 오듯 한다. 저녁이 되니 어두워서 건물 이름을 찾아보기가 어렵고 오후에 찍은 블로그 사진과 비교가 쉽지 않았다.

해윤노반점이 뉴욕재즈바 바로 밑이라고 해서 뉴욕재즈바를 찾았는데 사진의 입구와 전혀 다른 느낌이면서 손님이 너무 없었다. 혹시나 해서 앞으로 5분 정도 계속해서 걸어가다가, 뉴욕재즈바로 다시 돌아왔다.

하카오(통통한 새우가 얇은 피 안에 있는 만두)

샤오마이(고기와 새우가 어우러져 있고, 날치알로 위에 마무리한 만두)

건물 주변을 둘러보니 한쪽 벽면에 한자로 적혀 있는 간판을 발견했다. 중국에 와서 비슷하게 생각되는 한자는 모두 다 읽는 것 같다. 중간에 모르는 글자를 빼고 대강 끼워 맞추고 있다.

간판을 보면서 건물을 빙 둘러 돌아가니 다른 방향에서 입구를 찾았다. 찾는 데 땀 흘리고 고생은 했지만, 처음으로 우리 가족이 원하는 위치에 다른 사람의 도움 없이 찾아온 것이다.

중국말이 되지 않으니 사진을 보면서 영어와 손가락으로 숫자를 말하면서 하카오와 샤오마이, 야채볶음, 계란볶음밥을 주문했다.

늦은 저녁이어서 이것저것 먹고 싶은 것을 모두 시켜 먹으니 290위안(52,200원)이 나왔고, 시간이 늦어서인지 다양한 만두는 정말 맛있었다.

흡연자의 천국

중국은 담배를 피우는 사람들에게는 너무나 좋은 나라 같다. 어제 고급식당 1층에서 음식재료들을 진열하는 곳에 너무 잘 만들어진 쓰레기통이 어울리지 않게 있어서, "이곳에 왜 쓰레기통이 있지?"라고 생각했는데, 다른 쓰레기통에서 장식으로 만들어진 윗부분이 재떨이라는 것을 알았다. 음식재료를 진열해놓은 곳에 너무나 우아하게 생긴 재떨이라니, 달리 생각하면 여기서도 담배를 피워도 된다는 것이 이상했다.

거리에선 담배를 피우면서 돌아다니는 사람이 너무나 많이 있고, 옆 사람이 지나가든 말든 그냥 담배 연기를 내뿜으면서 지나간다.

택시마다 금연스티커는 붙어 있지만, 기사 아저씨는 손님의 의사와는 아무런 상관없이 담배 피우는 것에 전혀 거리낌 없다. 물론, 한국에서도 20~30년 전에는 마음대로 택시기사 아저씨가 담배를 피운 기억도 있지만, 택시에 타서 마음껏 담배를 피우는 기사 아저씨를 보면서 이곳도 언젠가는 담배를 피우지 못하는 시대가 올 것이라고 생각했다.

파티 도중에도 담배를 피우고, 차 내부에서도 피우고, 거리에서도 피우고, 식당에서도 피우고, 아직까지는 중국은 담배를 피우는 사람의 천국이 아닐까.

CHAPTER 3

셋째 날,
칭다오에 익숙해지기

편의점에서
아침 준비

    오늘은 편의점에서 아침거리를 사와 먹기로 했다. 편의점 옆 제과점처럼 생긴 중국 전통 과자점에서 만주를 사고, 편의점에서 삼각 김밥과 야채호빵 같은 만두, 요구르트, 우롱차를 샀다.

편의점에 음료수는 많이 있지만 생각만큼 마실 만한 음료는 많지 않았다. 콜라, 사이다는 일반적이지만 우유라고 샀는데 요구르트가 들어 있고, 녹차를 샀는데 설탕이 들어 있었다. 과즙 음료는 단맛을 좋아하는 지민이도 먹기 힘들 정도로 맛이 없다고 한다. 한국 사람과 중국 사람의 입맛이 다른 것 같다. 김에서 비린 맛이 좀 많이 나기는 했지만, 삼각 김밥이 가장 무난한 메뉴였다.

오늘은 택시를 타고 소어산공원으로 가서, 천후궁과 잔교로 걸어서 움직이고, 잔교에서 천주교당은 택시나 걸어서 가기로 했다. 점심은 블로그에서 보았던 "춘화루"라는 유명한 식당에서 먹고 타이동에서 가이드와 헤어져 우리 가족끼리 놀다가 집으로 돌아오는 것이다. 일정이 걸어서 움직여야 하는 것이 많아서 얼마나 더울지가 가장 큰 변수이다.

소어산(小魚山) 공원

소어산 공원은 칭다오에 있는 공원 중 규모는 크지 않지만, 칭다오 옛 시가지와 해수욕장을 내려다볼 수 있는 곳으로 유명하다. 어산(魚山)은 어민들이 그물과 생선을 말리는 작은 언덕이었는데, 1984년 18m의 3층 누각을 세워서 칭다오 시내를 바라볼 수 있도록 했다.

15위안(2,700원) 입장료를 내고, 조그마한 입구를 따라 산으로 올라가니 시내 전경이 조금씩 보이기 시작했다. 칭다오를 소개할 때 보았던 멋있는 사진이 이곳에서 찍었다는 것을 알 수 있었다.

　　누각에 올라가면 빨간 지붕의 유럽식 집들이 주변에 펼쳐져 있었다. 누각을 한 바퀴 돌면서, 영빈관, 신어산 공원, 잔교, 칭다오 타워 등과 칭다오 시내를 구경하면서 풍경과 해수욕장 사진을 찍었다.

　　어제 신어산 공원은 별로 감동이 없어서, 소어산도 기대 없이 올라갔지만, 바람이 아주 시원하고 경치가 매우 좋아서, 사진을 찍으면서 한 시간가량 있다가 내려왔다.

소어산 누각에서 바라본 풍경

소어산 공원 입구

천후궁

소어산공원에서 주택가와 도로를 따라 걸어서 해변에 도착했다. 해수욕장 시작되는 곳에 관광버스와 관광객들이 많이 있는 곳으로 가니 천후궁(天后宮)이 있었다. 천후궁은 명나라 성화 3년(1467)에 건설하기 시작해서, 칭다오에 현존하는 가장 오래된 명나라·청나라의 벽돌 목재구조 건축물로 여러 번 확장·보수를 거쳤고, 1982년 칭다오 시급 보호문물로 지정되어 1996년 시정부가 전면적으로 수리 복원을 했다. 천후궁은 상인과 어민들이 천후(마조)에게 제사를 지내는 곳으로 어부와 상인들의 안전을 기원하고, 재물을 바라는 신을 모시는 사당이다.

사당이라고 하지만, 동전을 향대같이 생긴 곳에 네모난 구멍을 만들어서 동전으로 안에 있는 종을 맞추도록 해놓고 그 옆에서 1위안(180원)짜리 지폐를 동전으로 바꾸어주는 곳까지 있었다.

천후궁에 민속박물관이라는 간판이 붙어 있는데, 천후궁을 나가는 쪽에 유리세공, 부채 등을 파는 기념품 가게의 진열대와 내부를 구경할 수 있는 곳을 민속박물관이라고 말한다고 한다.

입장료가 없어서 다행이지, 왠지 돈을 버는 것에 혈안이 된 곳이라는 생각이 들었다.

동전으로 향대 안에 종을 맞추도록 해놓은 곳

아저씨,
우리도 사진 좀 찍읍시다

- 세민

천후궁에서 돈을 많이 벌게 해준다는 하얀색 조각(옥으로 만든 배추 조각으로 중국에서는 재물을 상징한다. 중국어로 배추(白菜)는 "바이차이"라고 말하는데 재물이 많다(百財)는 의미의 발음과 비슷하다)이 있어 사람들이 사진을 찍으려고 긴 줄을 섰다.

엄마가 사진을 찍고 싶으면 옆에 줄을 서라고 해서, 지민이와 사진 찍는 사람 옆에서 기다렸다. 한 팀이 사라지면 어디에서 나타났는지 금방 새치기를 해서 들어왔다.

사진을 찍으려면, 또 다른 사람들이 우리를 무시하고 사진을 찍었다. 아저씨 한 명은 아이와 가족들 사진을 자꾸 찍으려고 해서 비켜달라고 이야기했지만, 오히려 우리에게 사진을 찍어야 하니 비켜달라고 하는 듯했다(중국어라 잘 모르겠지만 표정이나 행동을 보니 그랬다). 우리가 째려보면서 서 있었지만, 아이 사진, 할머니

할아버지 사진, 그리고 가족사진을 능청스럽게 찍었다. 솔직히 우리에게는 큰 의미가 없어서 그 조각이 그렇게 기본 개념도 무시할 만큼 좋은지는 잘 모르겠지만, 그래도 질서는 지켜야 하지 않을까 싶었다.

배추 조각 앞에서의 줄은 무의미했다. 기다린 시간이 아까워 사진을 찍기는 했지만, 양쪽에 다른 중국 사람들과 함께 사진을 찍어야 했다.

아저씨, 개념 탑재를 부탁해요.

잔교

천후궁을 나와서 해안을 따라 잔교로 걸어갔다. 잔교는 1891년 청나라가 군수물자를 공급받기 위해 건설한 간이부두로 그 길이가 440m이다. 제1차 세계대전에서 폭격당했으나 1931년 재건했고, 다리 끝에 만들어진 붉은 기둥의 2층 누각이 칭다오의 상징물이 되었다.

잔교는 수많은 중국 관광객으로 인해서 사람들로 붐비고 있었다. 누각까지 가는 다리에는 군복이나 해적복장 코스프레를 한 사람들이 사진을 찍기 위해 서 있고, 중간 중간에 일정한 간격으로 기념사진을 찍어서 출력해주는 간이 판매대가 있었다.

잔교 누각 기념품가게들에서 투명한 해파리와 작은 관상용 물고기를 통에 넣어 파는 기념품은 재미있었지만, 다른 기념품들은 특색이 없었다. 잔교 옆 바다에는 모터보트와 수중제트스키를 타는 레저시설도 있고, 그물로 고기를 잡는 사람까지 있었다. 사람 많은 중국이라고 하지만 잔교에서 보는 모습도 정말 다양하다.

　잔교 끝에 있는 누각에 4위안 입장료를 주고 들어갔지만, 내부에는 박물관이나 역사를 나타내는 것들은 없고, 시멘트로 만들어진 건물 내부에, 밖을 보는 창문들도 기념품 가게의 진열대 뒤에 있어서 보기가 쉽지 않았다. 엄밀히 말하면 잔교 내부는 기념품 상점들만 있는 곳이다. 기념품 가게를 구경하기 위해서 잔교 내부를 4위안(720원)이나 주고 들어간 것이 억울했다. 물론 표를 살 때 나누어준 종이에 2위안(360원)을 더 주면 책갈피를 만들거나, 돈을 더 내고 칭다오 모습과 인물사진을 합성해서 넣어주는 곳에서 사진을 찍을 수도 있다고 했지만, 그냥 휴지통에 버리고 나왔다.

아이폰이 너무 많아요!

- 세민

중국에 도착해서 휴대전화를 개통할 때까지만 해도 중국에서 스마트폰을 사용할 것이라는 생각을 하지 않았다. 무엇 때문인지는 모르겠지만, 우리처럼 스마트폰이 널리 보급되어 있을 거라고 생각을 하지 못했다.

그러나 저스코마트로 갔을 때, 내 또래의 남자아이가 아이폰3를 가지고 게임을 하고 있었고, 거리의 많은 사람이 아이폰3, 아이폰4 등 스마트폰을 가지고 다녔다. 정말 거리에는 스마트폰, 특히 아이폰을 너무나 많이 들고 다녔다.

길을 가다가 휴대전화 케이스를 파는 가게에서도 아이폰 케이스가 주를 이루었다.

우리나라에서 점점 좋은 스마트폰을 찾는 것과 같이, 중국에서도 스마트폰을 좋아하는 것 같다.

천주교당

소어산에서 천후궁을 거쳐 잔교까지 걸었고, 오후 12시가 되니 너무 더워서 택시를 타고 잔교에서 천주교당으로 갔다.

언덕 위에 우뚝 선 천주교당은 독일이 점령했을 때 선교사들에 의해 1932년에 착공해서 1934년에 완공된 화강암으로 만들어진 중후한 고딕형식 건축물이다.

1908년에 만들어진 시계탑 종루와 커다란 예배당으로 유명하면서 건축양식이 조금 소박한 기독교당도 인근에 있지만, 화려한 천주교당만 보기로 했다.

천주교당 광장에는 웨딩촬영을 하는 사람들과 관광객으로 붐비고 있었다. 웨딩촬영을 마치고 가는 한 신부는 맨발로 광장을 걸어가고 있었다. 커다란 광장에서 삼삼오오 모여서 사진도 찍고 앉아서 이야기하는 사람들의 모습은 고풍스러운 건물 앞에 있는 평화로운 모습이었다.

웨딩촬영 마치고 가는 신부

춘화루

    1891년에 개장한 춘화루는 120년이 넘은 칭다오의 유명 음식점이다. 삼선찐만두와 닭요리, 생선요리 등으로 유명하다. 많은 블로그에서 삼선찐만두와 새우가 통째로 들어 있는 새우찐만두, 닭 머리째 튀겨 나오는 닭튀김을 추천했다.

춘화루는 옛날 건물의 형태로 1층에 훈둔(물만두), 지아오즈(만두), 시앙쑤지(닭튀김)를 파는 3개의 입구가 다르게 되어 있고, 2층에는 일반 음식점 형태로 되어 있다. 우리는 만두를 먹으러 간다고 해서 찐만두인 지아오즈 입구로 가야 했는데, 건물 제일 안쪽에 입구와 내부가 정말 허름한 훈둔을 파는 곳으로 모르고 들어갔다.

늦은 점심시간이어서 사람들은 많지는 않았다. 새우만둣국(훈둔), 삼선물만두, 야채군만두(군만두: 지엔지아오)를 먹었다. 훈둔으로 나온 물만둣국(완당)은 국물과 만두가 정말 맛있었다. 유명한데 실내가 너무 허름하다는 것이 좀 이상했지만, 맛은 소문난 맛집 음식이라는 것을 알게 해주었다. 입구를 잘못 알아서 삼선찐만두는 먹지 못했지만, 각종 물만두와 만둣국은 정말 맛있었다.

점심 먹고 닭요리 출입구 앞을 스쳐 지나가는데 점심을 먹고 나오는 사람이 "유명하다고 했는데 영 맛이 없다"라고 말하는 한국말을 스쳐 들었다. 우리는 만두를 맛있게 먹어서 맛집이라고 이야기하지만 저 사람들은 맛없는 집이라고 할 것이다.

같은 곳에 가서도 평가는 이렇게 달라지는 것이 아닐까?

롯데리아
팥빙수

택시를 타고 맥주축제를 하는 노산구로 갔다. 맥주축제장 입구에 도착하니 매표소 맞은편에 롯데리아와 롯데마트가 눈에 보였다. 롯데리아 앞에 있는 팥빙수 간판을 보고, 롯데리아를 한번 들어가 보기로 했다. 팥빙수는 기원전 3000년경 중국에서 얼음에 꿀과 과일즙을 섞어서 먹다 유래되었다고 하는데, 팥을 넣는 것은 일본에서 유래되었지만, 다양한 형태의 빙수는 세계 여러 나라에 있다.

칭다오 거리에서 가장 쉽게 볼 수 있는 패스트푸드점은 KFC이고, 다음으로 맥도날드와 롯데리아가 있다. 롯데리아 로고는 우리나라와는 다르고, 일본 로고와는 동일한 모양이었지만, 실내 분위기는 한국 롯데리아와 똑같았다. 메뉴들도 한국 롯데리아와 거의 비

숫해서 무엇을 시켜야 될지 고민할 필요가 없어서 좋았다.

　점심 먹은 지 얼마 되지 않아 팥빙수와 커피를 주문하고 기다렸는데 사람
이 많지 않았지만 팥빙수가 나오는 시간은 제법 걸렸다.

롯데마트

맥주축제장으로 들어가려니 갑자기 비가 내리기 시작했다. 처음에는 보슬비가 내리는 것 같아서 그냥 비를 맞고 움직이려고 했는데, 점점 폭우로 바뀌었다. 비가 너무 많이 내려 비를 맞으며 맥주축제장을 구경할 수 없어서 롯데리아 옆에 있는 롯데마트로 들어갔다.

롯데마트 내부는 진열방식이나 물건들을 보면 한국의 롯데마트와 거의 비슷했다. 우산 코너에서는 민박 근처 편의점에서 28위안(5,040원)에 산 우산을 18위안(3,240원)에 팔고 있었다. 자동우산은 아니지만, 한국에서 파는 접는 우산보다 저렴하고 품질도 좋아서 두 개를 가지고 계산대로 갔다.

계산대에서 물건을 계산할때 비닐봉지를 살 것인가를 물어보았다. 처음 칭다오에 왔을 때는 편의점이나 마트에서 물건을 계산할 때 항상 무엇인가를 물어보아서 무슨 말인지 못 알아들었는데, 이제는 비닐봉지를 살 것인지 물어보는 것으로 눈치로 알고 있다. 롯데마트에서는 비닐봉지 큰 것은 0.3위안(54원), 작은 것은 0.2위안(36원)에 팔고 있다는 표시판이 천장에 붙어 있었다.

맥주축제

매년 8월 둘째 주부터 열리는 칭다오 맥주축제는 나에게는 별 흥미도 없었지만, 숙소 가격이 성수기 요금이 되었고, 관광지를 비좁게 만든 원인이 되었다.

외국인들이 많을 것이라고 생각했던 것과 다르게, 중국인 관광객들이 칭다오를 엄청나게 찾아와서 칭다오 시내 곳곳에 중국인 관광객들로 터져나가고 있다.

맥주축제장 주간입장료는 10위안 (1,800원)이고 야간입장료는 20위안(3,200원)이었다. 축제장 안은 유명 맥주회사들의 커다란 천막건물들이 세워져 있다. 칭다오 맥주, 독일 맥주 등 유명한 맥주회사들 대형천막 안에서 자기 회사 맥주를 팔면서 천막 가장자리에서 꼬치와 여러가지 안주를 팔고 있다. 천막 중앙에는 커다란 무대에서 유명가수가 노래도 하고, 각종 쇼와 선물도 나누어준다.

무대에서 알아듣지도 못하는 중국어로 말하는 쇼를 바라보면서 아이들을 데리고 술을 마시는 것도 이상하고, 더운데 비까지 내리니 천막 안이 눅눅해서 의자에 앉아 있고 싶은 생각조차 들지 않아서, 간단히 둘러보고 나왔다. 우산을 들고 천막 밖에서 양 꼬치를 아이들과 사 먹으면서 축제행사장을 둘러보다가 비좁은 행사장을 나왔다.

보지 않았을 때는 그것이 무엇인가 궁금하고, 보고 나면 아무런 감동이 없는 것이 진리인 것 같다.

계속해서 비가 많이 내려 택시를 타고 숙소로 돌아왔다.

모기가 너무 독해

- 세민

어제, 아빠와 지민이가 탄 택시가 도착하지 않아서 영빈관에 먼저 온 엄마와 나, 그리고 가이드 아저씨는 안내판을 읽다가 도착했다는 전화를 받고 표를 사서 영빈관으로 들어갔다. 영빈관에서 다리가 너무 가려워 마구 긁다 보니 다리가 퉁퉁 부어 있었다. 영빈관은 주위가 숲처럼 되어 있어 모기가 많았다.

숙소로 돌아와 물린 곳을 보니 다리를 굽히는 무릎 뒤쪽에 정말 많이 물렸다. 한국에서 가져온 호랑이 약으로 발라보았지만 간지럼은 가시지 않았다.

아빠와 편의점에 아침을 사러 갔을 때 옆에 있는 약국에 물파스 같은 것을 사러 들어갔다. 모기 물린 것을 이야기했지만, 약국에 있는 사람들은 잘 알아듣지 못했고, 내가 물린 자리를 보여주면서 모스키토(mosquito: 모기)라고 몇 번을 이야기하니 물파스 비슷한 것을 보여주었다.

보여준 것 중 한 개를 사서 숙소로 돌아와 발라보니 시원하거나 가렵지 않기는커녕 온 숙소 안이 파스 냄새만 진동했다.

오후에 가이드 아저씨와 같이 천주교당 근처에 있는 약국에 들여가서 중국 모기약을 샀는데, 아침에 산 것보다는 훨씬 시원했지만, 뿌리는 순간만 시원했다.

중국 모기는 정말 독하다.

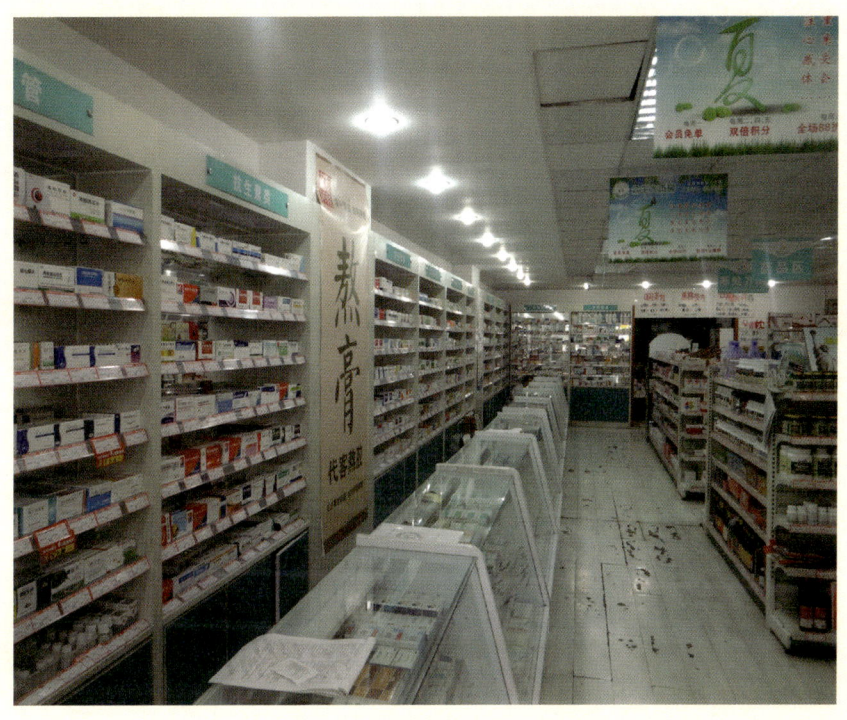

온돌이 있으면
좋겠는데

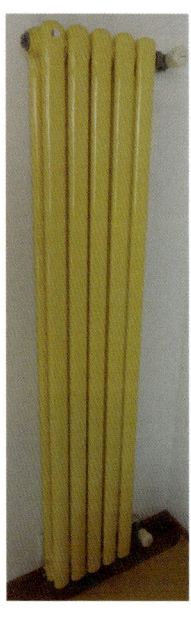

칭다오 여름은 정말 더워서인지 시내에 있는 대부분 집은 에어컨을 가지고 있어서 에어컨 실외기가 아파트 곳곳에 설치되어 있는데, 아슬아슬한 자리에 실외기가 설치된 것들이 너무나 많다. 내가 신경 쓸 일은 아니지만, 에어컨 실외기가 무거워서 혼자 들기도 힘들 것 같은데 어떻게 저런 구석지고 높은 곳에 설치했는지 에어컨 설치기사님들이 신기에 가까울 것 같다.

홍콩화원에는 방마다 공기를 데우는 라디에이터가 설치되어 있다. 중국에도 온돌이 있으면 좋을 것 같은데 방, 목욕탕, 거실까지 모두 노란색 라디에이터가 설치되어 있다.

여름철에 왔으니 겨울이 얼마나 추울지 모르겠지만 온돌이나 보일러도 없이 전기 순간온수기를 이용해서 라디에이터로 돌리는 방식이면 겨울철에 바닥이 정말 추울 것 같다.

패션리더 칭다오

– 세민

　한국에서는 특정한 상표의 옷을 추구하는 반면 칭다오에서는 상표보다 자신에게 어울리고, 좋아하는 디자인을 입는 것을 보면, 개성이 강하다고 느낄 수 있었다.

　아주 짧은 치마를 입는 사람이 있는 반면, 아주 긴 치마를 입는 사람들도 있었다. 가끔씩 윗옷과 아래옷이 붙어 있는 옷을 입은 사람들도 보였다. 그리고 대부분 시계를 많이 착용하는 듯했다.

　만약 한국이라면 내 옷차림이 남에게 어떻게 보일지 걱정을 하였겠지만, 중국은 전혀 그렇지 않았다. 남의 시선에 상관없이 하얀 원피스에 굵은 초록 리본으로 허리를 감싼 옷을 입기도 하고, 아래위를 같은 색의 청바지와 조끼를 입는 자신만의 독특하고 개성 있는 옷차림을 하고 있었다.

　타이동 거리에서 옷을 파는 가게에 들어가 보니 예쁜 티셔츠가 많았다. 한 가게로 들어가 1층에서 티셔츠를 고른 뒤, 2층에도 옷이 있다기에 올라가 보니 여자 옷이었다. 1층은 남자 옷 2층은 여자 옷이었지만 너무 차이가 많이 났다. 남자 옷은 그냥 통으로 된 반면, 여자 옷은 모두 허리에 라인이 들어가 있거나 앞쪽이 파여 있었다.

 이 가게를 보고 밖으로 나가 여자들이 입은 옷을 보니, 역시 대부분 다 라인이 있었다. 아무리 옷 입는 게 개성 있어도, 여자 옷과 남자 옷은 차이가 컸다.

거리의 모습

Can you Speak English?

– 세민

처음 칭다오에 와서 지도를 사기 위해 서점에 가보니 유아, 초·중·고등학생을 위한 영어책이 많이 있어 중국인들이 기본적인 영어를 사용할 수 있는 줄 알았다. 그러나 정작 식당, 편의점에 들어가 영어를 쓰려 하면 거의 이해하지 못하였다. 둘째 날 빵집에 가서 아침을 먹었는데 영어로 적혀 있어서 영어로 말했는데 힘들어 했다. 또 발음을 제대로 하지 못하는 것도 있었다. 숙소 앞 편의점에 비 올 때 쓸 우산을 사러 가니 중국말이 안 돼서 종이에 숫자를 적으며 계산했다.

맥도날드에서 영어를 쓰면 알아들을 수도 있다기에 한번 영어를 써보았다. 다행히 내가 주문한 직원은 영어를 할 수 있었다. 옆에서 기다리고 있는데, 한 직원이 중국어로 뭐라 해서 영어로 중국어를 못한다고 하자, 직원 눈이 아주 커지면서 옆에 있는 남자직원을 불렀다. 그 직원도 다른 말은 안 되는지 3minute…… after!(3

분 뒤)라 말했다. 그러자 내가 3분 뒤에 오면 되냐고 물어보자 웃으면서 그렇다고 하였다. 약 3분 뒤, 영수증을 가지고 내려가니, 나를 딱 보고 기억을 해주었다.

만약 중국에서 영어를 쓰려면 어설프게 쓰는 것보다 통 문장을 사용하면 훨씬 친절하게 대해주는 것 같았다.

넷째 날,
맛있는 것 좀 먹어 볼까?

KFC 콩물(또우지앙)

　매일 아침 시간이면 무엇을 먹을까 고민이다. 편안하게 어제 먹었던 것을 먹어도 되지만, 다양한 아침을 먹어보기 위해 고민한다. 오늘은 칭다오 시내에서 가장 쉽게 찾을 수 있는 패스트푸드점인 KFC에서 아침을 먹기로 했다.

　홍콩화원에서 대로(홍콩중로)를 건너 KFC로 갔다. 매장에 있는 메뉴판 그림을 보고 주문했는데, 내가 모르는 메뉴들이 너무 많고, 영어도 적혀 있지 않으니, 사진을 보고 대강 이런 것이겠다고 생각만으로 결정했다.

크루아상 샌드위치

또우지앙

KFC에 오기로 했을 때는 빵과 계란, 커피, 서양식 아침 식사를 기대하고 왔지만, KFC에는 크루아상, 콩물, 이상한 도넛, 색깔 있는 찐빵 같은 것들이 있었다. 훈제 오리고기가 들어 있는 크루아상 샌드위치와 해시포테이토, 콩물, 커피를 주문했다. 훈제 크루아상 샌드위치 포장지는 구멍이 촘촘히 뚫린 비닐로 되어 있었고, 콩물(또우지앙)은 콩을 물에 불려 빻은 후 끓여내는 것으로 따뜻한 두유와 비슷하지만 조금 다른 맛이었다.

아침메뉴들이 먹을 만했지만 생소했다. KFC 매장은 서양 패스트푸드점의 중국현지화를 확실히 한 것 같다. 여러 가지 종류의 죽과 콩물, 요우티아오까지 전통적인 중국아침 메뉴를 팔고 있다.

소(小)가
시(時)이네

한국 사람이 중국을 여행하는 데 가장 도움이 되는 것은 기본적인 한자이지만 가끔씩 알고 있던 한자에서 의아함 느낀다.

KFC의 간판에 24시(時)간이라고 적혀 있을 것 같은데, 24소(小)간이라고 적혀 있다. KFC가 24시간 한다고 말한 것 같은데, 소(小)를 사용하는 것은 너무나 이상해서, 가이드에게 어떻게 소(小) 자와 시(時) 자를 구별하느냐고 물어보니 문장을 보면 쉽게 구분된다고 한다.

어떻게 보면 우리가 먹는 "배"와 타고 다니는 "배(船)"를 아무런 문제 없이 사용하듯이 중국에서 똑같은 글자이지만 사용하는 데 전혀 무리가 없는 것도 이해가 된다.

그래도 소(小)가 시(時)가 되니 너무나 생소하다.

KFC 메뉴판. 메뉴판에 죽이 있다.

석노인
해수욕장

아침을 먹고 숙소 앞에서 가이드를 만나 택시를 타고, 석노인 해수욕장으로 갔다. 석노인은 석노인 해수욕장 끝에서 100m 정도 떨어진 곳에 있는 17m 석주를 가리킨다. 석주가 노인의 모습이라고 석노인 해수욕장이 되었다고 한다.

노인에 관한 이야기는 여러 가지가 있다. 옛날에 착한 어부와 아름다운 딸이 살고 있었는데, 마을에 비가 내리지 않아 딸은 제물로 바쳐지게 되고, 딸은 돈을 아버지에게 주면서, 자주 올 수 없으니 기다리지 말라고 했지만, 아버지가 딸을 기다리다가 돌이 되었다는 이야기가 가장 많이 알려져 있다. 어떤 블로그를 보면 심청전처럼 딸은 용궁으로 갔고, 노인은 딸 이름을 불렀다는 이야기, 부부가 있었는데 부인이 남편을 기다리다가 돌이 되었다는 이야기 등이 있다. 석노인 유래는 어떤 사람이 이야기하느냐에 따라 석노인 유래가 결정되는 것 같다.

석주는 크게 인상적이지 않았지만, 해안을 따라 3km 뻗어 있는 넓은 석노인 해수욕장 모래사장은 정말 인상적이었다. 산 쪽을 보면 도교사원도 보였다.

동전을 넣으면 발을 씻을 물이 나오는 곳

해수욕장에는 탈의실과 샤워실이 따로 설치되어 있고, 바닷물에 발을 담그고 놀았더라도 발을 씻을 수 있는 시설은 1위안(180원)을 넣으면 20초 동안 물이 나왔다.

아이들은 칭다오에서 보았던 수많은 유적지와 박물관보다 바닷가에서 노는 것을 가장 좋아했다. 모래사장에 낙서를 하고 바닷물에도 들어가는 것을 보니, 부모의 생각과 아이들의 생각은 다르다는 것을 다시 한 번 더 느꼈다.

사람을 구해주면
얼마 받아요?

해수욕장을 같이 거닐던 가이드가 "한국에서 물에 빠진 사람 구해주면 얼마 받아요?"라고 물어보았다. 한국은 경찰서와 소방서가 국가기관이기 때문에 공짜로 구해준다고 하니 놀라는 표정이다.

가이드는 중국 119는 돈을 받지 않지만, 개인이나 사설기관은 수고비를 요구한다고 했다. 얼마 정도를 받느냐고 물어보니, 옛날에는 구조 직전에 돈을 얼마 낼 수 있냐고 물어보고 구조한 것이 뉴스가 되어서, 이제는 그렇게 심하지 않다고 했지만, 망루를 쳐다보면서 "아무리 못해도 200위안(36,000원)은 받지 않을까요?"라고 이야기했다.

구조해 주는 가격표는 없었지만, 인명구조원들도 경찰이나 소방서에서 나온 것 같이 보이지 않았다.

가이드 말을 모두 다 믿을 수는 없지만, 사람을 구해주면 돈을 달라고는 할 것 같다는 느낌은 왠지 가시지 않았다.

석노인 해수욕장의 샤워장, 탈의실이나 구조대를 운영하는 사람이라면 어느 정도의 이권을 가질 것이고, 구해놓고 수고비로 얼마를 내라고 할 것 같았다.

석노인 해수욕장의 구조대 망루

버스

칭다오 버스 노선은 지도에 적혀 있는 숫자를 계속해서 연결해보면 알 수 있다. 버스정류장마다 버스 노선이 적혀 있지만, 영어는 없고 중국 한자로 되어 있어 한자가 약한 나에게는 도움이 되지 않았다.

지도에 표시된 숫자를 따라서 버스 노선이 이렇게 되겠다는 것을 알 수 있지만, 시내 일부 구간의 일방통행 노선도는 보기가 좀 힘들었다.

버스요금은 구간마다 차이가 있다. 석노인 해수욕장에서 시내 화석루까지 1위안(180원)이지만, 대부분의 사람들은 현금을 내지 않고 교통카드로 계산했다. 교통카드만 있으면 요금은 크게 신경 쓸 필요가 없이 돌아다닐 수 있을 것 같았다.

칭다오 버스 시스템은 잘되어 있어 시내 중심지에 있을 때는 가까운 거리는 버스를 타는 것도 좋을 것 같았다. 버스는 좀 더러운 좌석이 있기는 했지만, 전반적으로 깨끗한 편이었다. 물론 에어컨 있는 버스를 타려면 창문이 닫혀 있는 버스를 타야 된다.

현재 공사 중에 있는 칭다오 지하철 1기가 2014년에 완성되면 대중교통을 이용해서 돌아다니기가 좀 더 쉬워 질 것 같다.

시내버스에 LCD 화면도 있다.

빠다관(팔대관)

빠다관(팔대관)은 러시아, 영국, 프랑스, 독일 등의 유럽식 건축물이 밀집된 지역으로 1920~30년대에 8개 관문이 있어서 팔대관이란 이름으로 불리었고, 현재는 관문이 10개로 늘었지만 여전히 빠다관(팔대관)으로 불린다고 한다. 휴양지로 유명하여 20여 개국 건축양식으로 지어진 수백 채의 별장이 있어 '만국 건축 박람회'란 별칭을 가지고 있다. 건물들 대문에 붙어 있는 간판들을 보니 국가위원회나 문화재관리청과 같은 기관에서도 사용하고 있는 것 같았다.

중국인 관광객들이 많이 걸어 다니는 것을 보니 유명한 관광지구라는 느낌이 들었지만, 건물 안으로 들어갈 수 있는 것도 아니고, 여유롭게 걸으면서 주변 건물 외곽만 구경하는 것이니 건축에 관심이 없는 사람에게는 별로

와 닿지 않았다.

거리 한구석에는 군고구마 장사가 있었는데 이 더위에 군고구마를 먹고
싶지 않아서 사진만 한 장 찍었다. 날씨가 시원했다면 군고구마를 맛있게
먹으면서 주변 건물들도 눈에 잘 들어올 것 같은데, 빠다관을 걸으면서 가
장 유명한 해안가의 화석루로 향했다.

화석루

1932년에 칭다오로 이사 온 러시아인 집으로 화강암과 자갈로 만들어져서 화석루라고 이름 지어졌다. 해안과 연결된 여러 서양 건축양식이 융합된 아름다운 고대 성루형식의 별장으로 국민당 장개석이 대만을 가기 전까지 두 차례나 머물렀다.

아름다운 건물 덕분에 반사판을 들거나 드레스를 입은 사람들이 이곳저곳에 있었다. 결혼시즌인지 모르겠지만, 경치가 아름다운 곳은 웨딩촬영을 하는 사람들로 넘쳐나는 것 같다. 화석루는 5층 높이의 전망대에서 해안을 볼 수 있고, 내부 곳곳에 사진과 옛날 양식을 볼 수 있었다.

화석루 앞에서 많이 정차된 택시를 타려고 하니, 가이드가 가까운 거리는 가지 않는 택시라고 하면서 큰 도로 쪽으로 걸어 나와서 택시를 타고 피차위엔으로 출발했다.

피차위엔

피차위엔 입구

피차위엔은 천주교당과 잔교중간쯤 거리에 위치하면서 증산로, 베이징로, 허페이로, 톈진로 사이에 있어 교통과 상업 중심이면서 1902년 독일 사람들이 특별행정구역을 구분하기 위해서 만든 시장으로 유명하다. 피차이는 땔감이라는 뜻으로 피차위엔은 땔감을 파는 곳이라는 말에서 유래되었다고 한다.

입구에는 1902라는 커다란 숫자가 있다. 피차위엔 중간에는 칭다오에서 가장 오래된 영화관과 중국 전통 경극 무대가 있다고 하지만 경극은 보지 못했다. 칭다오의 유명한 물오징어 꼬치구이, 만두, 고약한 냄새가 나는 초두부(초우도우푸)와 불가사리 등을 사 먹으면서 삶은 성게, 물방개, 뱀, 전갈, 각종 과일과 같은 먹을거리와 칭다오 특산품들을 구경했다.

점심을 먹기 위해 들어간 식당의 입구에는 "성첸(큰 무쇠솥에 지진 군만두)"을 팔면서 뜨거운 육즙이 들어 있는 상해식 만두(샤오롱바오)를 팔고 있었다. 샤오롱바오를 먹을 때 뜨거운 육즙을 조심해야 되지만, 칭다오에서 가장 맛있는 만두를 먹었다. 칭다오에서 상하이식 만두가 가장 맛있었다니 좀 아이러니하지만, 피차위엔에 다시 간다면 꼭 가고 싶은 집이다.

무쇠솥에서 만두를 굽고 있는 사람

칭다오의 명물 물오징어 꼬치

불가사리 구워 먹네

- 세민

피차위엔에는 길거리 음식이 많다고 해서 기대하고 거리 안으로 들어가니 주문하면 바로 구워주는 꼬치들과 많은 특이한 음식들이 있었다. 그 중에서 가장 많이 궁금했던 음식은 불가사리, 전갈, 애벌레, 성게였다. 나는 어떤 맛일까 궁금해서 먹으려 했지만 전갈이나 애벌레는 좀 징그러워 보였고, 불가사리는 정말 새로운 음식이라서 시도해보기로 했다.

불가사리를 손으로 가리키니 작은 것은 10위안, 큰 것은 15위안 이라고 해서 작은 것을 시켰다. 불가사리를 불판에 올리니, 처음에는 별 변화가 없었지만, 시간이 지나니 다리에서 올리브색 물질이 나왔다.

약 5분 정도 흘렀을까?

아저씨가 다 되었다면서, 불가사리를 다섯 등분 해주면서 다리의 껍질을 반으로 갈라서 안에 있는 진한 올리브색의 물질을 먹으면 된다고 했다.

불가사리의 겉모습 때문에 좀 꺼려졌지만, 먹는 순간 그런 생각이 사라졌다. 정말 맛있지는 않았지만, 씹는 맛은 조금 달라도 어묵 같은 맛이 났다.

맛있는 꼬치

— 세민

천주교당으로 가는 길에 사람이 많이 몰려 있어 가보았더니 꼬치집(오징어 꼬치로 유명한 왕저요고)이었다. 얼마나 맛있으면 저렇게 사람이 많이 몰려 있을까 싶어서 한번 사보기로 하였다.

오징어 머리와 다리를 따로 팔았는데, 머리 두 개, 다리 두 개를 샀다. 왕저요고 꼬치는 다른 곳에서 파는 것과는 소스가 조금 달라 보였다. 보통 파는 꼬치들은 빨간 소스를 바르는 반면에, 이 가게에서는 녹색과 갈색을 섞은 듯한 소스였다. 그리고 특이했던 것은 머리와 다리 중 하나를 고를 수 있었는데 머리를 시키면 머리 세 개를 꿰운 꼬치가 나오고, 다리는 말 그대로 다리만 나왔다.

다리만 있는 꼬치는 씹기가 힘들었다. 잘못 먹다가는 소스가 튀어서 입고 있는 옷이나 옆 사람의 옷에 묻을 수도 있다.

오징어 꼬치 말고도 다른 종류의 꼬치도 있었는데, 오징어 꼬치는 나무막대에 꿰워져 나오는 반면, 그 옆에 있는 꼬치는 나무 손잡이가 달린 쇠막대에 꿰워져 나왔다.

오징어 꼬치는 걸어 다니면서 먹을 수 있는데 그 꼬치는 다 먹고 막대기를 돌려주어야 해서 불편할 것 같았다.

왕저요고 꼬치집

맥도날드

피차위엔을 나와 커피를 마시기 위해 천주교당 앞에 있는 맥도날드로 갔다. 입구 광고판에는 까만 빵과 하얀 빵으로 만든 햄버거 사진이 있었지만, 나머지 메뉴들은 한국 맥도날드 메뉴와 크게 다르지 않아서 왠지 친근한 느낌이었다.

아이스 아메리카노 커피를 마시고 싶었지만, 아이스커피가 없어서 따뜻한 커피를 마셨다. 가격은 다른 음식에 비해서 저렴하지 않은 패스트푸드들인데 음식물을 먹는 테이블이 있는 2층에는 다른 식당에 비해 젊은 사람들이 많이 앉아 있었다.

칭다오의 이곳저곳을 다니면서 깨끗한 건물에 더러운 화장실이 정말 많았는데, 맥도날드의 화장실은 정말 깨끗했다.

커피를 한잔하면서 이제 점점 칭다오가 나날이 익숙해지고 있다는 것을 느낀다.

거리 매점

거리를 걷다 보면 보도 위에 있는 간이매점들을 쉽게 볼 수 있다. 신문도 팔고, 아침에는 콩물, 간장에 조린 달걀이나 구운 소시지까지 팔기도 한다. 파는 상품들은 비슷한 것 같지만 위치에 따라 파는 물건들이 다양하다. 찌 모루 시장을 가기 위해서 병원 앞에서 내렸는데, 병원앞 간이매점은 병원에서 필요한 물건들도 팔고 있었다.

간이매점에서도 한번 물건을 사보고 싶지만, 짧은 중국어로는 계산이 어려울 것 같아서 구경만 하고 다닌다. 내가 필요한 각종 물건은 대부분 편의점에서 살 수 있으니, 간이매점은 시도해 보지 않았다.

만약 중국에서 계속 살아야 한다면 간이매점에서 아침으로 콩물이라도 사 먹지 않을까.

찌모루 시장

　짝퉁 시장으로 알려진 찌모루 시장으로 갔다. 많은 블로그에서 소개되어 엄청나게 큰 시장일 것이라 생각했는데, 도매시장 건물 두 개로 이루어져 있었다.

　지하, 1층, 2층에 여러 종류의 상점들이 있고, 시장 위에는 주상복합건물처럼 아파트가 있다. 지하는 옷가게들이 있고, 1층에는 목걸이, 장신구와 같은 작은 액세서리 가게가 주를 이루고 있다. 1층만 돌아다니면 이곳이 짝퉁 시장이라는 것이 믿기지 않고, 일반적인 도매시장 같은 느낌이었다.

　1층 구경을 마치고 2층의 가방을 파는 곳으로 올라갔다. 가방을 파는 상점들은 일반 가방이나, 나이키, 아디다스 등을 카피해놓은 저급한 가방을 파는 곳이 주를 이루고 있어서, 짝퉁은 팔지도 않네!라고 생각할 때쯤, 가이드가 이야기하는 구석진 가게로 들어갔다. 구석진 가게에는 조금 조잡한 명품 짝퉁들을 팔고 있는 것 같았다.

　우리가 가게에 들어오니 점원이 가게 출입문을 닫았다. 그리고 장식장 사이에 있는 비밀 문을 열어주었다. 비밀 문 안으로 들어가니 가방, 지갑, 벨트가 진열된 방이 나왔다. 중국동포인지 한국말로 유창하게 설명해주었다.

아, 이곳이 짝퉁 시장이구나!

우리 방 옆에는 다른 비밀 문이 있고, 그 안에도 한국 사람 일행이 물건을 사고 있는지 한국말이 들렸다. 명품에는 별로 관심이 없어서, 그냥 나가려고 했지만, 들어온 이상 사지 않더라도 가이드를 위해서 한 바퀴 구경을 해주어야 할 것 같은 느낌을 받았다. 양쪽 방을 구경하고 사고 싶은 물건이 없다고 하면서 나가려고 하니, 진열대로 위장된 문은 전자석으로 되어 있는지 내 힘으로도 열리지 않았다. 직원이 비밀 문을 열어주어서 나오니, 가게 출입문이 닫혀 있었다.

안에 있던 직원이 출입구로 가서 밖에 있던 직원과 이야기를 나누니 밖에서 문을 열어주었다. 단속을 피하기 위해서 이렇게 비밀 공간까지 만들어놓았는데 사진을 찍고 싶었지만, 사진을 찍겠다고 말을 할 수는 없었다.

이 가게에 들어오지 않았다면 왜 찌모루가 짝퉁 시장인지 몰랐을 것이다.

뚜워샤오
치엔(얼마예요)?

— 지민

찌모루 시장에 부채와 거울을 사기 위해 갔다.

걱정되는 것은 흥정을 해야 된다고 한다. 거울가게로 들어가서 언니와 같이 흥정을 했다. 한 개에 48위안. 그럼 96위안. 너무 비싸서 두 개에 50위안으로 가격을 내리니 안 된단다. 그래서 옆에 있는 가게로 갔다. 여기는 한 개당 40위안이었다. 우리가 두 개에 60위안을 부르니 65위안이라고 했다가 결국 60위안에 주겠다고 했다. 아주 마음에 드는 것은 아니었지만, 처음으로 흥정을 해서 성공하니 기분은 좋았다.

부채가게로 갔다. 가격은 다섯 개에 75위안 정도……, 하지만 값을 깎으니 안 된다고 한다. 부채가게에서 고르기 위해서 꽤 오래 있었는데……, 정말 미안해서 한 개라도 사주고 싶었는데 가격이 너무 비쌌다.

앞으로는 가게에 오래 있으면 안 될 것 같다. 결국은 미안해서 사게 될 것 같다. 아빠 말씀대로 흥정을 하더라도 오랫동안 가게에 있지는 않아야지.

타이동 거리

　찌모루 시장을 나와 타이동에 도착해서 가이드와 헤어졌다. 수첩에 "마이칼 백화점으로 가자"라고 적힌 종이로 타이동 구경을 마치고, 택시를 타고 숙소에 돌아가기로 했다.

　타이동은 젊음의 거리, 야시장, 에스컬레이터가 있는 육교와 많은 옷가게, 보행상업거리로 유명하다.

　에스컬레이터가 있는 육교로 올라가 타이동 거리를 한눈으로 바라보면서 사진을 찍었다. 타이동 거리에는 차가 다니지 않고 사람만 걸어 다니도록 되어 있어서, 훨씬 넓어 보였다.

　피차위엔에서 만두를 먹다가 간장이 튀어서 티셔츠를 사러 의류매장으로 갔다. 영어는 완벽하게 통하지는 않았지만, 젊은 사람들이 많이 가는 곳이라 어렵지 않게 티셔츠를 샀다. 110위안(19,800원) 티셔츠였는데 품질을 볼 때 가격은 한국보다 조금 저렴한 것 같은 느낌이었다.

　5시가 넘어가니 야시장을 위해서 노점들이 한 개씩 만들어지기 시작했

다. 밤이 되면 야시장에는 옷가게, 먹을거리 등 다양한 노점들로 가득 차면서 사람들로 붐빈다.

타이동을 온 기념으로 세민이와 지민이도 티셔츠를 한 개씩 사주기로 했다. 중국 브랜드 매장을 들어갔는데, 매장은 잘 꾸며져 있었고, 1층에는 남성복, 2층에는 여성복을 팔고 있었다. 캐릭터가 독특한 티셔츠 두 개를 99위안(17,820원)에 샀는데, 생각보다 품질은 훨씬 좋았다.

젊은이들의 거리답게 휴대전화와 전자제품을 파는 대형매장에 들어가니, 삼성, 소니(SONY) 제품도 있었지만, 주로 레노버, 화웨이 같은 중국 회사 최신 스마트폰을 3,000위안(540,000원) 정도에 팔고 있었다. 칭다오에서 보이는 스마트폰은 아이폰이 아니면 중국 회사 스마트폰을 사용하는 것처럼 보였다.

손짓 발짓

– 지민

　드디어 나 혼자서 레모네이드를 사는 데 성공했다. 레모네이드를 먹고 싶었는데, 엄마 아빠가 먹고 싶으면 혼자서 직접 사 먹으라고 돈을 주셨다. 중국어도 모르는데 혼자서 돈을 들고, 레모네이드를 달라고 하려니 처음에는 긴장되고 떨렸지만, 물건을 사고 나니 막상 편해지는 것 같다.

　솔직히, 중국어를 못한다면 할 수 있는 것이 손짓밖에 없다. 다음에는 중국어를 배워 이런 고생을 하지 않도록 해야겠다.

아파트 벽화

타이동에는 거리를 따라 양옆에 길게 펼쳐져 있는 아파트에 벽화가 그려져 있다.

타이동 거리 끝쪽에서 벽화를 보수하는 것을 구경하니, 기존에 그려진 벽화 위에 스티로폼을 붙이고, 그 위에 시멘트로 덧칠해서 바탕을 만들고 있었다. 스티로폼을 다 붙이고 바탕이 완성되면 다시 벽화를 그릴 것 같다. 벽화를 그릴 때마다 벽이 두꺼워져 단열효과는 좋아질 것 같지만, 몇 번 이상 붙이면 벽이 엄청나게 두꺼워질 것 같은데 어떻게 할지 의문이다.

벽화로 거리가 아름답기는 하지만, 스티로폼을 붙이고, 벽화를 그릴 때 살고 있는 주민들의 엄청난 불편을 생각하면 강력한 중국의 공권력을 실감하는 한 단면 같다.

청소차와
휴지통

　중국 하면 더럽다는 생각을 많이 가지지만, 칭다오 시내 곳곳에 돌아다니는 정말 많은 인력과 장비들을 보면서 거리를 깨끗하게 만든다는 것을 실감나게 한다. 쓰레기통을 비우러 다니는 사람들도 자주 볼 수 있고, 거리 곳곳에 쓰레기통들이 설치되어 한국보다 더 편했다.

　청소도구가 달린 조그마한 자동차가 청소하는 모습은 도로 곳곳에서 볼 수 있다. 농촌지역이나 외곽지역에까지 청소를 열심히 하지는 않겠지만, 칭다오 거리는 쓰레기통과 청소인력으로 상당히 깨끗하다.

칭다오에서 느끼는 것이지만 중국은 더럽다, 중국은 싸구려 물건을 만든다 등 머릿속에 가지고 있던 몇 가지의 문장으로 이야기하기에는 너무나 큰 나라이다.

타이동 거리 휴지통

빨간
삼륜 택시

타이동 거리에서 택시를 타려고 하니, 빨간색 삼륜 택시들만 길가에 줄지어 서 있었다. 칭다오 번화가나 관광지 주변에서 빨간색 삼륜차 택시를 쉽게 볼 수 있다.

빨간 삼륜 택시는 장애인을 위해서 택시면허가 발급되기 시작했는데, 차츰 사회 취약층을 위해서도 삼륜 택시면허가 나가고 있다고 가이드가 말해주었다.

삼륜 택시는 미터기 없이 요금을 흥정하도록 되어 있어, 중국어를 모르는 우리에겐 흥정 자체가 불가능해서, 일반 택시만 타고 다니고 있다.

미터만 달려 있어도 타고 다닐 텐데……

중국에서 삼륜차는 택시 이외에 화물 차량도 있었다. 삼륜 자동차 종류는 다른 나라에서도 많이 보았지만, 삼륜 화물차는 정말 오래간만에 보아서 반가웠다.

빨간 삼륜 택시. 멀리서 보면 완벽한 경차의 형태이다.

철창 속
아저씨

타이동에서 돌아와 숙소 창밖을 보고 있는데 저 멀리 아파트 옥상에 여러 명의 남자가 상의를 벗고 앉아 옥상에서 쉬고 있었다.

2008년 베이징올림픽과 상해엑스포를 하면서 상의 탈의를 하지 말자는 운동 덕분에 웃통을 벗고 다니는 남자들이 많이 줄었다고 하지만, 아직까지 상의를 벗고 돌아다니는 남자들을 보는 것은 어렵지 않다.

어떻게 보면 상의를 벗고 다니는 것이나 얼굴을 맨살로 다니는 것이나 크게 다를 것도 없는데, 우리 사고 기준만 바꾸면 신기한 일도 아닐 것이다.

윗도리를 벗고 다니는 아저씨는 많이 있었지만 예전에 텔레비전에서 잠옷을 입고 아침을 사러 거리를 활보하는 중국 아주머니의 모습을 보았는데, 칭다오 시내 한복판에서는 잠옷을 입고 다니는 사람들은 보지 못했다.

운소로
미식가 거리

홍콩화원에서 15분 정도를 걸어서 운소로 미식가 거리에 저녁을 먹으러 갔다. 미식가의 거리라고 해서 각종 서양식 레스토랑과 다양한 음식점이 있을 것이라 생각했는데 중국본토음식과 해산물 식당이 주를 이루고 있었다. 오후 8시 반이 넘어 도착하니 해산물 식당내부는 한적한 분위기였다.

어디에 가서 저녁을 먹을까 고민하면서 걸었지만, 우리가 기대했던 서양식 메뉴가 아니었고, 9시가 다 되어가니 새로운 손님들은 거의 없고, 술을 마시는 분위기였다.

블로그에서는 낮이라 그런지 사진을 보면서 고르고 했던데, 너무 늦은 시간에 왔고, 숙소앞 노점에서 1.5위안(270원)짜리 야채호떡 같은 빵을 사 먹어서 배는 고프지 않아서 일단 구경을 하면서 마음에 드는 식당에 들어가기로 했다.

여행에서 밤에 와야 하는 코스와 낮에 와야 하는 코스가 있는데, 미식가의 거리는 9시 다 되어서 도착해서는 저녁 식사를 할 분위기는 아니었다.

미식가 거리입구에서 끝까지 이 식당, 저 식당을 고르다가 택시를 타고 홍콩화원 인근으로 들어왔다.

가족끼리 움직이니, 음식을 한 번 잘못시키면 4명이 모두 이상한 음식을 먹어야 하니, 씩씩하게 음식을 시킬 용기는 점점 사라지는 것 같다.

혼자라면 이것저것 할 것 없이 그냥 한두 개 정도 시켜먹었을 텐데, 같이 움직이니 음식 하나 먹는 것도 쉽지 않다.

교민소식지

　홍콩화원 주변에도 식당이 많이 있지만, 10시가 되어가니 많은 식당이 문을 닫았다. 일식당 앞을 지나가다가 돈가스나 우동을 먹으러 들어갔다. 식당에는 몇 개의 테이블이 있었고, 일본인과 중국인 손님들이 앉아 있었다. 우리도 두 개밖에 남지 않은 테이블 한 개에 앉아서, 돈가스, 카레돈가스, 우동을 메뉴판 그림을 보고 주문했다. 돈가스는 돼지고기가 너무 얇아서 고기 부침 같은 느낌이었고, 카레는 인스턴트 3분 카레와 같았지만, 우동은 먹을 만했다.

　블로그에서 맛집으로 추천된 집도 아니고, 그냥 들어간 집이니 기대하지 않았지만, 오래간만에 먹어보는 쌀밥은 정말 맛있었다.

　식당 구석에 "산둥베스트"라는 한국교민소식지가 있었다. 교민소식지는 대부분 광고로 이루어져 있지만, 한인소식지를 보면 우리 교민들이 어떤 사업을 주로 하는지를 알 수 있다.

동남아지역은 식당과 여행사가 주를 이루지만, 칭다오 소식지에는 렌터카와 정말 다양한 물건이나 사업에 관련된 광고가 있었다. 교민소식지만 보아도 교민들이 정말 활발하게 사업을 하는 것을 알 수 있었다.

CHAPTER 5

다섯째 날, 생각보다 가까운 칭다오

중국 사람들의
아침

  중국은 대부분 맞벌이를 하기 때문에 집에서 아침을 먹기보다는 밖에서 간단하게 사 먹는다고 한다. 골목이나 도로 곳곳에서 아침을 파는 곳이 있다. 오늘은 숙소 옆 골목에 있는 가게에서 아침을 사 먹기로 했다.

  골목 가게는 우리나라 재래시장에서 음식을 파는 곳 같았다. 편의점이나 제과점에 비해서는 위생상태가 떨어져 보이지만, 튀기고, 삶은 음식들이라 위생에는 문제가 없을 것 같아 사 먹었다.

  유리 진열대에는 도넛종류인 요우티아오와 몇 종류의 밀가루로 만든 빵, 삶은 옥수수, 간장에 조린 달걀과 비닐 팩에 담긴 콩물을 팔고 있었다.

골목가게에서 아침으로 요우티아오와 옥수수, 간장에 조린 달걀을 샀다. 요우티아오는 식용유가 많아서 기름졌지만, 여러 겹으로 되어 있어서 반죽된 질감이 좋아 은근히 맛있었다. 조린 달걀은 우리가 먹는 달걀장조림 맛이었다.

요우티아오

요우티아오는 중국 길거리 어디에서나 볼 수 있는 중국의 대표적인 아침 메뉴이다. 밀가루 반죽을 길게 늘어뜨려 두 겹으로 꼬아서 튀기기 때문에 반죽 사이에 기포가 많이 들어가 있어서 푹신한 질감이 있다.

요우티아오는 송나라 때의 국민 영웅인 충신 악비를 음해해서 죽인 악독한 재상 진회와 그의 부인 왕씨를 백성들이 저주하기 위해서 진회와 왕씨의 형상을 밀가루 반죽으로 만들고, 그 반죽을 자르고 비틀어 가마에 기름 지옥을 만들어 기름에 튀긴, 진회 부부를 먹으라면서 길거리에서 팔기 시작한 것이 사람의 형상이 그냥 긴 밀가루 반죽으로 바뀐 것이 요우티아오의 기원이라고 한다.

많은 사람이 즐겨 먹는 아침 메뉴이지만, 몇 년 전에는 요우티아오를 만들 때 첨가되는 소다에 소량의 백반이 들어 있어 문제가 되었다. 백반이 들어 있는 소다가 튀기는 과정에서 수산화알루미늄이 만들어져 식품안전에 문제가 있어, 일주일에 2회 이상 먹지 말라는 경고까지 나왔었다고 한다.

2009년 KFC에서 백반이 들어가지 않는 "안전 요우티아오"라는 광고로 서양식 패스트푸드점에서도 요우티아오를 팔면서 큰 성공을 거두었고 용허 따왕과 같이 중국식 패스트푸드점에서도 요우티아오를 팔고 있다. 일반적으로는 콩물에 요우티아오를 찍어서 먹지만, 간장소스에 찍어 먹어도 된다.

최근에는 요우티아오에 백반이 첨가되는지를 정부에서 계속해서 점검하고 있다고는 하지만 내가 먹는 가판대 요우티아오가 안전하길 바랄 뿐이다.

요우티아오

아리바(ARIVA)
호텔

오늘은 홍콩화원에서 호텔로 이동하는 날이다. 칭다오를 오기 전 숙소를 예약할 때 민박에서 4일 지내고 마지막 이틀은 호텔에서 지내기로 했다. 여름휴가로 왔는데 민박이 좋지 않을 경우를 대비해서 마지막 이틀은 조금 편안한 잠자리를 선택했다.

민박주인에게서 보증금(500위안: 90,000원)을 돌려받고, 아리바 호텔(Ariva Hotel)로 갔다. Ariva Hotel은 인터넷 호텔 예약사이트(expedia, hotels)에서 검색한 네 명이 한 객실에 있는 것이 가능한 몇 안 되는 호텔이었다. 아이들과 따로 두 개의 방을 잡는 것이 더 저렴하지만, 아직까지 방을 따로 잡기엔 애매한 나이이고 가족여행이어서, 비싸지만 스위트룸 한 개에서 같이 지내기로 했다. 스위트룸은 4명이 자고, 아침이 포함된 조건으로 하루에 1,150위안(207,000원)이었다.

호텔수속을 마치고, 방을 구경하니 목욕탕도 넓고, 깨끗하고, 방도 두 개가 있어서 좋았다. 위치는 홍콩화원보다는 오히려 좋지 않지만, 홍콩화원과는 전혀 다른 느낌의 잠자리이다.

한국성

칭다오는 한국 10개 도시에서 7개 항공사가 운항할 만큼 한국인들의 왕래가 많은 도시이다.

한국 사람들은 공항 근처의 공단과 가까운 청양에 많이 살고 있지만, 시내에서 청양까지는 택시비가 100위안(18,000원) 정도가 나올 만큼 먼 거리이다. 오늘은 한국 사람들이 사는 곳이 어떤지 보고 싶어서 청양 바로 밑에 있는 천태라는 한국 사람들이 많이 사는 곳으로 가기로 했다.

천태의 한 아파트에 도착하니 입구에 "한국성"이라는 간판이 있었다. 얼마나 한국 사람이 많이 살면 한국성이라고 이야기했을 까란 생각부터 들었다. 도착한 상가 입구에는 한국어 간판들이 즐비했다. 상가 유리창에는 팔고 있는 물건을 적은 한국어 종이가 붙어 있었고, 세탁소, 식당, 노래방, 한국식 중국집, 부동산, 국밥집 등 다양한 가게들과 영어학원, 입시학원까지 있었다.

　　간간이 중국말도 들렸지만, 대부분 한국말 소리가 들렸다. 여기만 있어도 한국이 별로 그리울 일이 없을 것 같았다. 급하면 비행기를 타고 한국으로 가면 되니, 제주도에 사는 것이나 칭다오에 사는 것이나 해외(海外: 바다 밖)에 살고 있는 것은 같지 않을까?

여기는 한국?

- 지민

오늘은 한국인들이 많이 사는 코리아타운에 갔다. 한국 식당도 많이 있고, 지나가며 한국인들도 볼 수 있었다.

마트에서는 한국 아이스크림, 과자, 음료수, 생수, 냉면, 고추장 같은 엄청나게 많은 한국 물건을 팔고 있었다.

지나가는 사람 모두가 한국말을 해서 당황하기도 했지만, 왜 코리아타운이라고 부르는지 이해가 되었다.

한국어가 적힌 영수증

한국어가 적힌 영수증
한국말이 이렇게 많이 적혀 있는 이런 곳에서 사는 것은 과연 한국에 사는것과 비슷할까?

텐무성(천막성)

천태 한국성을 보고 시내로 돌아와 텐무성으로 왔다. 텐무성은 2008년에 미식테마파크를 표방하면서 만들어졌다. 맥주 박물관에서 5분 거리에 위치하면서, 텐무성 내부는 유럽풍 건물을 축소해놓은 느낌으로 만들었다.

호텔, 레스토랑, 카페 등 다양한 시설이 있고, 가게들 앞에는 물건을 파는 부스들이 있다. 중간에 있는 레스토랑 앞에는 전통악기를 연주하는 곳도 있다.

텐무성 내부 모습은 실내에 만들어놓은 아케이드 같은 느낌이면서, 겨울철이나 비가 오는 날에는 더없이 둘러보기 좋을 것 같았다. 바깥은 더운데 내부는 에어컨이 가동되는지 덥지는 않았다.

텐무성을 갈 때는 피차위엔처럼 노점 같은 식당을 원했는데, 내가 생각한 천막이 아니고 천장이 있는 곳이어서, 조금 실망을 했지만, 공연장 옆에 있는 식당에서 만두와 꼬치를 시켜먹었다. 생선이 들어간 것과 맛이 조금 이상한 채소가 들어간 만두를 시켰는데, 처음 먹는 것들이라 맛있지는 않았지만, 중국의 만두 종류는 정말 많은 것 같다.

용허따왕(永和大王)

저녁에 발마시지를 받으러 가기로 하고, 카페 거리로 택시를 타고 갔다.
저녁 먹을 곳을 찾기 위해 시내방향으로 제법 걸어가니 "용허따왕(永和大
王)"이라는 중국식 패스트푸드점이 보였다.

용허따왕은 1995년에 창업해서 중국 전역에 260여 개 점포를 가지고 있

는 중국식 패스트푸드점으로 2004년 필리핀의 유명한 패스트푸드 기업인 "졸리비(Jollibee)"가 투자해서 2007년에 완전히 인수되었다. 졸리비가 화교기업이지만 필리핀 대표 패스트푸드 기업이 중국 현지식 패스트푸드 기업이 된 것이다.

용허따왕 입구 광고판에서 먹을 것을 결정하고 매장으로 들어갔다. 음식을 주문하니 메뉴판에 그림이 없고, 중국어만 있어서, 세민이가 외부 광고판에서 디지털카메라로 음식 사진을 찍어 와서 사진을 보여주면서 주문했다.

주문하는 중간에 우리가 원하는 메뉴 한 개는 "메이요(없다)"라는 말을 들었지만, 주문을 마치고 계산을 하니 번호판을 한 개 받았다. 번호판을 테이블에 얹어두고 있으면, 직원이 번호판을 찾아서 음식을 가져다주었다.

밥, 국물, 면, 콩물들이 모두 맛있었고 가격도 저렴해서 일 인당 20위안 (3,600원) 정도면 식사를 해결할 수 있다.

한국도 이런 전통적인 패스트푸드점이 빨리 만들어지면 좋겠다. 간단한 저녁을 원했는데 저렴하면서도 만족한 식사였다.

발마사지

첫날부터 발마사지 집으로 가고 싶었지만, 시간이 없었다. 칭다오에서 며칠을 열심히 걸어 다니니, 다리도 아프고, 허리도 아프고, 피로가 쌓여서 오늘은 무슨 일이 있어도 마사지를 받기로 했다.

마사지 요금은 한 시간에 50위안(9,000원)인데, 들어가니 남자 안마사가 왔다. 나는 전신마사지를 하고, 아내와 아이들은 발마사지를 했다. 칭다오에 살고 계시는 교민같이 보이는 분들도 내 옆에서 마사지를 받고 있었다.

잘하는 곳이라고 추천받아서 간 집이라 그런지, 마사지를 마치고 나니 온몸이 나른해졌다. 몸이 굳어서 나오지 않던 자세까지 만들어주니 정말 좋았다.

칭다오에 산다면 몇 달 동안 계속해서 마사지를 받으면 온몸을 요가 하듯 이 부드럽게 만들 수 있을 것 같다는 게으른 생각도 해보았다.

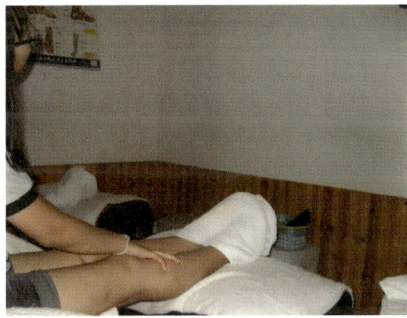
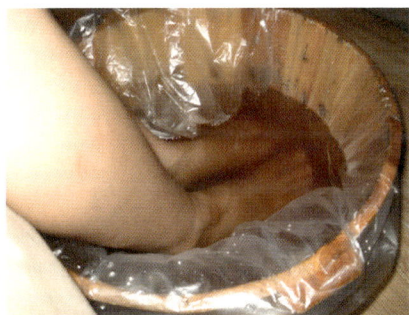

CHAPTER 6

여섯째 날,
칭다오는 도시다

피자헛

오늘부터는 우리끼리 돌아다니기로 하고, 가이드가 오지 않기로 했다.

호텔에서 아침을 먹고, 아이들은 오래간만에 수학숙제를 하니, 점심시간이 다 되었다. 무엇을 먹을까 고민하다가, 시내를 왔다 갔다 할 때 보았던 피자헛으로 가기로 했다.

택시가 잡히지 않아서 20여 분을 걸어서 피자헛과 스타벅스가 있는 건물로 갔다. 피자헛에는 많은 사람으로 붐비고 있었다.

피자헛 메뉴판에는 여러 가지 피자와 스파게티, 버펄로 윙 등도 있었지만, 한국에서는 보지 못했던 주스, 수프, 차, 디저트용 케이크까지 있었다. 한국보다 훨씬 다양한 메뉴들이 있었다. 피자 두 판을 시켰는데, 크기는 생각보다 작았고, 피자도우(빵)는 버터가 많이 들어가 있는지 고소한 맛이 많이 났다.

피자헛에는 아이들과 같이 온 가족들이 많아서 테이블마다 아이들이 한 명 이상은 앉아 있었다. 이곳이 아이들이 많은 주택가로 보이지 않는데, 아이들이 있는 테이블로 빈자리가 없이 꽉 차 있다.

피자헛 가격(184위안: 33,120원)은 다른 식당에 비해서 조금 비싸지만 한국보다는 저렴하게 나왔다.

피자헛은 피자를 주로 파는 음식점보다는 피자까지 파는 서양식 레스토랑에 가까웠다.

5 · 4광장

제1차 세계대전이 끝나고 패전한 독일이 지배하고 있던, 칭다오가 있는 산둥성을 승전국인 일본에 넘기라는 것이 파리평화회의에서 결정되자, 1919년 5월 4일 베이징 시내 13개 대학 3,000여 명 학생들이 천안문 광장에서 시위를 벌였다. 학생들은 각국 외교사절에게 청원서를 제출하러 공사관 구역에 갔으나, 일요일이라 제출하지 못하고, 친일 매국노로 지목된 차오루린의 집으로 향하는데, 차오루린의 집 앞에서 또 다른 친일파 인물과 주일 중국대사를 발견하고 분노하여, 구타와 불을 지르는 사건이 발생하자, 중국정부는 학생들을 체포했다. 5월 5일 체포된 학생들을 석방하라는 동맹수업거부가 일어났다. 5월 6일 경찰 총감과 베이징 대학 총장의 협상으로 학생들이 석방되었다. 5월 7일 중국정부가 친일파 차오루린은 유임시키고, 경찰 총감

과 베이징 대학 총장을 해임시키려 하자, 9일 이후 학생들의 시위가 시작되면서 여러 지역으로 퍼져 나갔다.

시위를 주도한 학생들이 신문화운동에 적극적인 학생들이었기에, 강연활동, 외국 상품 배척, 중국 상품 애용운동 등을 통해서 반일 운동의 저변이 확대되었다. 5·4운동으로 1919년 6월 10일 친일파 관리 3명이 파면되고, 6월 28일 파리의 중국 대표단은 베르사유 강화조약을 거부하게 되는 성과를 거두었다.

5·4운동은 중국 현대사의 시발점이 되었고, 학계, 상계, 노동계 등과 시민들이 연대해서, 군벌정권과 제국주의 결탁에 정면으로 대항하고 군벌정권이 강대국의 결정사항을 거부하게 만든 성공한 운동이다.

처음에는 5·4기념탑(높이 18m, 직경 27m, 무게 700톤)이 학생들의 시위가 시작된 베이징에 세워져야 하지 않는가 라고 생각했지만, 승리한 운동으로 지킨 지역의 자존심인지 붉은 철제 조형물이 광장에 우뚝 솟아 있다.

스마트폰

　도시를 돌아다닐 때 올바로 가고 있는지, 도착하는 지점이 얼마나 남았는지가 궁금한데, 이럴 땐 스마트폰을 활용하면 정말 편리하다. 택시를 타고 갈 때도 지도 어플리케이션을 사용하면 정확한 위치가 표시된다.

　현지 통신사의 저렴한 데이터 요금을 사용해서 스마트폰을 이용하면 좋았을 텐데, 칭다오에 도착해서 현지 전화를 개통하면서, 데이터 사용과 국제통화가 가능할 것이라고 생각했기 때문에, 개통한 현지 휴대전화가 국제통화와 데이터가 되지 않는다는 것을 이틀이 지난 뒤에 알았다.

　어쨌든 현지 전화로는 어려워서, 한국 로밍 스마트폰 데이터를 몇 분 사용하니, 데이터 요금이 만 원이 넘었다는 문자가 왔다. 이렇게 하다가 요금 폭탄을 맞을 것 같아서, 한국으로 국제전화를 내어서 하루 9,000원짜리 해외 무

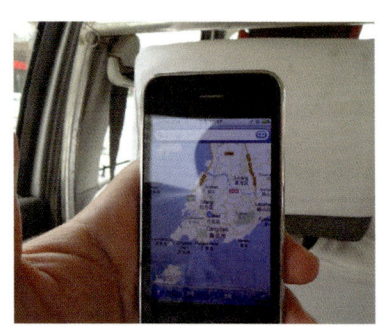

스마트폰에서 구글맵으로 현재 위치 확인

제한 데이터요금제에 가입했다. 요금 부담은 있지만, 스마트폰으로 위치를 바로 확인을 할 수 있고, 실시간으로 정보를 검색하니 정말 유용했다.

앞으로 해외에 나가서 스마트폰을 잘 활용한다면 더 유익한 여행이 될것 같다.

칭다오 교통법규

오늘 저녁은 도착한 날 같이 저녁을 했던 안 박사님을 만나기로 했다. 아리바(ARIVA) 호텔로 우리를 데리러 오겠다고 했지만, 이제는 씩씩하게 칭다오 시내를 돌아다닐 수 있다고 안 박사님이 있는 지역으로 가기로 했다.

노산구 석노인 해수욕장 인근의 소피아 호텔에서 만나기로 하고, 인터넷에서 소피아 호텔 이름과 주소를 수첩에 한자로 베껴 적었다.

택시에 타서 소피아 호텔 이름과 주소를 보여주었다. 우리가 말하는 소피아 호텔을 중국 사람은 다르게 발음하기 때문에 내가 이야기해 보았자 택시 기사는 못 알아들으니 중국 한자를 보여주는 것이 최선의 방법이다.

소피아 호텔 앞에서 내려 대로를 가로지르는 횡단보도를 지나가려고 하니 빨간불에도 다 같이 건너고 있었다. 이제 도로를 무단 횡단하는 것에 점점 익숙해지고 있다.

칭다오에 온 첫째 날과 둘째 날은 주변 사람들이 빨간불에 횡단보도를 건너도 우리는 파란불을 기다렸지만, 파란불이 되어도 차들이 신호를 무시하고 다니니, 파란불을 안전하지 않다는 것을 아는 순간부터 빨간불, 파란불 상관없이 도로를 건너고 있다. 6일째가 되어가니 빨간불에 도로를 건너도 주변 교통상황을 보면서 안전하게 건널 수 있는 여유가 생겼다.

빨간불, 파란불 신경 쓰지 말고 안전할 때 건너는 것이 최선의 방법이다.

한국 식당

안 박사님을 만나 석노인 해수욕장 큰 도로 사이에 있는 블록으로 들어가니, 허름한 가건물 형태의 식당들이 줄지어 있었다. 비가 내려 물이 고여져 있는 비포장 길을 따라 "드럼통"이라고 적힌 식당으로 들어갔다.

드럼통은 한국분이 주인이면서 인테리어는 없지만, 고급 고깃집에 들어가는 고기를 팔고 있다면서 노산구 맛집이라고 안 박사님이 말했다.

맛있다는 한글 낙서가 식당벽에 가득 차 있고, 테이블마다 한국 사람들 이야기가 들리고, 한글 메뉴판으로 한국말로 주문을 해서 저렴하고 맛있는 소고기를 실컷 먹고 된장라면으로 마무리를 했다. 식당 밖으로만 나가지 않으면 한국에 온 것 같았다.

저녁을 먹고, 해수욕장 주변의 "SPR"이라는 커피전문점으로 갔다. SPR은 중국 커피전문점 브랜드로 무료 와이파이(wifi)에 매킨토시 컴퓨터도 한 대 있었고, 내부 인테리어는 깔끔했다.

칭다오에서 지내는 마지막 저녁을 한국식당과 커피숍에서 마무리하고 12

위안짜리 택시를 타고 호텔로 돌아왔다.

드럼통 식당 내부

SPR 커피숍

라오산 맥주

중국 최초의 맥주생산지는 독일인이 만든 칭다오(1903)라고 생각하겠지만, 러시아 사람들이 만든 하얼빈(1900)의 맥주가 중국 최초의 맥주라고 한다.

칭다오 맥주는 한국에서 파는 일반 맥주 이외에도 순한 맛의 춘성, 흑맥주, 스포츠 등 여러 가지의 상품이 있다.

칭다오 지역에는 칭다오 맥주 이외에 라오산 맥주도 있다. 마이칼 백화점 맥주 코너에 갔는데 칭다오 맥주 옆에 라오산 맥주가 있어서, 가이드에게 물어보니 칭다오 사람들 중에서 라오산 맥주를 좋아하는 사람도 많이 있다고 했다.

칭다오 맥주는 상쾌한 맛이 있고, 라오산 맥주는 깔끔한 맛은 아니지만 뒷맛이 조금 구수한 맛이 남는다. 맥주의 도시 칭다오에 왔다면 칭다오 맥주 종류별로 마셔보고, 라오산 맥주도 마셔보는 것도 좋은 경험이 아닐까 싶어서 며칠 전부터 계속해서 라오산 맥주만 마시고 있다.

야진(보증금)

민박을 들어갈 때 가장 이상했던 것은 야진(보증금)이었다. 홍콩화원에서 550위안 집을 4일 동안 빌리는 데 보증금을 500위안을 내었고, 아리바 호텔은 1,150위안(207,000원)짜리 스위트룸에 이틀 동안 지내는 데 200위안의 보증금을 내었다.

동남아 호텔에서도 보증금 제도는 일반적이지만, 중국처럼 이렇게 많이 요구하지는 않았다. 중국의 중소도시나 지방으로 가면 보증금을 하루 호텔비의 두 배를 요구하는 경우도 허다하고, 호수에 있는 보트를 빌려주면서도 임대료의 두 배가 넘는 보증금을 요구하는 경우도 있다고 한다.

보증금을 현금으로 낼 때에는 영수증을 받아서 잘 챙겨놓고 있어야지, 만약 영수증이 없으면 돈을 돌려받을 수 없는 경우가 생기기도 한다고 한다. 단체여행을 왔다면 여행사가 보증금을 내겠지만, 나같이 개별 예약을 했으면 보증금을 낼 수밖에 없었다.

처음에는 돈을 돌려주지 않을까 걱정도 했지만, 돈을 돌려받는 데 어려움이 없었다. 우리가 생각하기에 너무 과도한 금액의 보증금이라고 생각은 들지만, 중국에 왔으니 중국 관습을 따르는 것 이외의 방법은 없다.

　나쁜 사람을 만나면 보증금을 돌려받지 못할 수도 있으니, 방에 들어갈 때 부서진 것이 있다면 분명히 이야기해서 분쟁을 최소화하는 것이 현명한 방법이다.

홍콩화원 아파트

CHAPTER 7

일곱째 날,
칭다오와 안녕하기

공항으로

오늘 오후 12시 30분 비행기를 타고 부산으로 돌아가야 한다. 일주일 동안 아침마다 "어디로 갈까? 무엇을 먹을까?" 고민이 이제는 사라졌지만, 한국의 일상생활을 떠나서 잠깐 다른 생활을 하고, 돌아가려고 하니 서운한 생각이 든다.

7시 30분 호텔식당에서 아침을 먹고, 짐을 정리해서 체크아웃을 했다. 체크아웃할 때 방을 확인하는 사람과 연락을 해서 보증금 200위안을 돌려받았다.

호텔 벨보이에게 공항으로 갈 택시를 부탁하고 택시에 타면서 "에어포트(공항), 에어포트"라는 이야기를 몇 번 했다. 여행 마지막인데, 택시를 잘못 타면 큰일이라는 걱정은 공항방향으로 가는 표지판을 눈으로 확인을 하니, "이제 정말 집에 가는구나!"라는 생각으로 바뀌었다.

시내에 있는 입간판이 인상적이었다.

숫자가 나오는
신호등

칭다오 신호등은 신호가 남아 있는 시간을 숫자로 표시해준다. 칭다오 시내를 돌아다닐 때 한국에 도입했으면 가장 좋겠다고 싶은 것이 숫자가 나오는 신호등이었다. 막힌 도로에서 파란불이나 빨간불이 남아 있는 시간을 미리 안다면 훨씬 빨리 움직이고 안전해질 것 같다.

칭다오에 와서 한국보다 더 빨리 도입된 것과 좋은 시스템들을 가끔씩 보면서 몇 년 전 베이징에 왔을 때와는 또 다른 모습을 느끼게 되었다.

고속도로

    이제 익숙해진 칭다오 시내 도로를 지나 고속도로를 타고 공항으로 갔다. 칭다오에 도착했을 때도 고속도로로 왔는데, 첫날보다 주변에 있는 많은 것들이 보이기 시작했다.

고속도로 톨게이트

　저 멀리 있는 낮은 집들과 공사 중인 아파트들, 맞은 편 시내로 들어가는 고속도로는 꽉 막혔지만, 공항으로 가는 방향은 하나도 막히지 않았다.

　플라스틱 카드를 받아 고속도로에 진입해서 나오는 톨게이트에서 플라스틱 카드를 주면서 계산했다. 한국은 종이를 사용하는데 플라스틱 카드를 사용하면 재활용을 할 수 있어 더 좋은 시스템 같았다.

　뻥 뚫린 고속도로를 타고 약 한 시간도 걸리지 않아 공항에 도착했다.

칭다오 공항

9시 50분, 공항에 도착했다. 혹시 늦을까 봐 일찍 출발했는데 너무 빨리 도착한 것이다.

비행기 탑승권 발권은 10시 30분부터 한다는데, 국제선과 국내선이 나누어져 있는 국내선 탑승장 입구에서 비행기 탑승권 발권을 기다렸다.

라면집이
출국장 안에 없네!

많은 블로그에서 출국하기 전 이지센이라는 일본 라면집에서 점심을 먹었다고 해서, 출국수속을 마치고, 공항 내부로 들어가 이지센 라면집을 찾았는데 보이질 않았다.

이지센 라면집은 1층 입국장의 주변에 있었는데, 입국할 때 가이드를 만나는 생각만 해서 공항 1층을 둘러보지 못해 이지센 라면집과 지도를 파는 곳이 있다는 것을 몰랐다.

출국장 내부에는 작은 규모의 면세점과 한식당, 카페가 있었다. 외부에 비해서 출국장 내부는 너무 시설이 빈약했다.

14,000원짜리
커피

출국장 안의 한식당에서 점심을 먹고 시간이 남아서 카페로 갔다. 카페 입구에는 이상하게도 여러 명의 종업원이 안에서 음식이나 커피를 판다고 호객행위를 하고 있었다.

카페에 들어가서 가져온 메뉴판을 보니 가격이 심상찮다. 아메리카노 커피 한 잔에 78위안(14,040원), 아이스크림은 50위안(9,000원), 에비앙생수 35위안(6,300원)이다. 아무리 출국장 안이라고 하지만, 이렇게 비싼 곳은 처음이다.

칭다오에 와서 한 번도 바가지를 썼다고 생각하지 않았는데 "공항에서 바가지를 쓴다"는 생각이 들었다. 카페를 둘러보니 벽이나 외부에는 가격없이 파는 물건만 표시되어 있고, 메뉴판에만 가격이 나와 있었다.

다른 테이블에 앉은 한국 사람들도 메뉴판을 보는 순간 너무 비싸다면서 이야기를 했다. 들어왔으니 나가기도 그렇고, 커피와 아이스크림을 시켰지만, 너무 비싸다.

아이스크림과 커피 사진을 찍었는데 디지털 사진기의 촬영모드가 그림 효과로 고정된 것을 모르고 사진을 찍어서 사진들이 전부 그림같이 나왔다.

칭다오에서 돌아오는 길에 너무 비싼 바가지요금으로 기분이 나빴지만, 계속해서 바가지를 쓴 것이 아니고 처음이자 마지막에 쓴 바가지라 다행이라고 생각하기로 했다.

마지막을 이렇게 장식할 줄이야!

한국으로 오는 비행기

　모든 여행이 끝났다. 오래간만에 가족들끼리 가는 해외였는데, 별 탈 없이 중국을 떠나올 수 있어서 다행이다. 첫날 비행기를 타고 칭다오를 갈 때의 수많은 불안감은 이제 사라지고, 일상으로 다시 돌아가야 한다는 생각으로 비행기에서 마지막으로 부릴 수 있는 여유를 즐겼다.

　이렇게 돌아올 줄 알았다면, 더 많이 돌아다니고 재미있는 것을 더 해볼걸이라는 약간의 후회도 있지만, 세 번째로 다녀온 중국에서 매번 다른 무엇인가를 느끼고 돌아간다.

　아이들도 중국이 두 번째이고, 학년이 높아졌는데, 무엇을 느꼈는지 궁금하다. 칭다오의 즐거운 추억과 느낀 점이 많기를 바라는 것은 부모의 욕심이 아닐까란 의문도 생긴다.

　오늘도 무사히 착륙하기만을 바라면서 저 멀리 보이는 부산 낙동강 하구 모습을 바라본다.

오래간만에 해외를 나가서 느낀 것을 적었다. 글을 적으면서 여행에 대한 이야기보다는 칭다오에 대한 이야기를 적고 싶었다.

이번 여행에서 가장 잘한 일은 곡부와 태산을 가지 않은 것이다. 중국에 있는 도시가 사라지는 것도 아닌데 무리를 해서 갈 수도 있었지만, 과감히 포기했는데, 조금 작게 움직이고, 여유를 즐기며 다양한 것을 볼 수 있었던 것 같다.

이 책을 보는 분들에게 과연 이 책이 무슨 의미가 있을까란 고민을 가지면서 글을 적었다. 수많은 여행책자 중에서 칭다오에 대한 느낌을 적었다는 것으로 알아주면 좋겠지만, 이 책을 읽을 분들의 다양한 요구를 충족시킬 수 있을지 계속해서 나 자신에게 의문을 던지면서 적었다. 여행에 관련된 최신정보는 블로그에 많이 있으니, 여행을 위해서 책을 사신 분들은 블로그를 참고하셨으면 하는 바람이다.

아프리카나 동남아 등지에서 만나고 겪었던 많은 중국 사람과 한국의 일상에서 가지고 있었던 중국에 대한 생각만으로 갔다가 새로운 느낌을 받고 돌아온 것 같다. 물론, 중국은 너무나 큰 나라이기 때문에 칭다오라는 작은 도시를 갔다 와서 중국이라는 나라를 알았다고 할 수는 없겠지만, 중국의 아주 작은 일부분이라도 이해할 수 있을 것 같다.

　우리가 보았던 수많은 인터넷 기사의 이상한 중국 이야기로 인해서 너무나 일상적인 중국의 모습을 모르고 살고 있는 것은 아닌지 뒤돌아 볼 수 있었던 여행이었다.

손주형

1970년 부산에서 태어나 지하수 환경 분야의 이학박사로 1996년 한국농어촌공사에 입사하였다. 지하수, 환경, GIS 전문가로 근무하다가 2007년부터 에티오피아, 케냐, 탄자니아, DR 콩고, 남아프리카공화국, 가나 등 여러 나라에서 식수와 관련한 파견 및 농업, 자원과 관련한 해외출장을 기회로 여러 나라에 대한 글을 적고 있다.

케냐, 에티오피아, 탄자니아, 캄보디아에서 한국의 무상원조 식수 및 농촌개발 전문가로 활동했으며, 필리핀, 캄보디아, 라오스, 인도네시아, DR 콩고에서는 식량, 식수, 국외투자, 자원 등의 다양한 분야에서 근무하였다. 최근에는 여러 개발도상국의 국외사업에 자문하거나 참여하고 있으며, 신재생에너지 분야에서도 활동하고 있다.

저서로는 『에티오피아, 천 년 제국에 스며들다』, 『아빠 함께 가요, 케냐』, 『잠보, 탄자니아』가 있고, 「가나에는 가나 초콜릿이 없다」, 「한국지하수산업의 아프리카 진출방안」 등 지하수와 관련된 다수의 발표문과 논문이 있다.

손세민

중학교 1학년
『아빠 함께 가요, 케냐』 공동 집필
일본, 중국(북경), 태국, 캄보디아, 케냐 등을 가보았고, 호기심이 많은 청소년이다.

손지민

초등학교 5학년
『아빠 함께 가요, 케냐』 공동 집필
중국(북경), 태국, 캄보디아, 케냐 등을 가 보았고, 책 읽는 것을 좋아하는 어린이이다.

중국의 작은 유럽
칭다오

초판발행 2013년 4월 15일
초판 3쇄 2019년 1월 11일

지은이 손주형 · 손세민 · 손지민
펴낸이 채종준

펴낸곳 한국학술정보(주)
주소 경기도 파주시 회동길 230(문발동)
전화 031 908 3181(대표)
팩스 031 908 3189
홈페이지 http://ebook.kstudy.com
E-mail 출판사업부 publish@kstudy.com
등록 제일산-115호(2000. 6. 19)

ISBN 978-89-268-4240-9 03980 (Paper Book)
      978-89-268-4241-6 05980 (e-Book)